《中国古脊椎动物志》编辑委员会主编

中国古脊椎动物志

第二卷
两栖类　爬行类　鸟类

主编 李锦玲 ｜ 副主编 周忠和

第五册（总第九册）

鸟臀类恐龙

董枝明　尤海鲁　彭光照 编著

科学技术部基础性工作专项（2006FY120400）资助

U0287218

科 学 出 版 社
北 京

内 容 简 介

本册志书包括了截至2010年年底发现在中国并已发表的鸟臀类恐龙化石，共63属77种，并附有85幅化石照片及插图。每个属、种均有鉴别特征和产地与层位等信息。在科级以上的阶元中并有概述，对该阶元当前的研究现状、存在问题等做了综述。在有的阶元的记述之后还有一评注，为编者在编写过程中对发现的问题或编者对该阶元新认识的阐述。

本书是我国凡涉及地学、生物学、考古学的大专院校、科研机构、博物馆及业余古生物爱好者的基础参考书，也可为科普创作提供必要的基础参考资料。

图书在版编目（CIP）数据

中国古脊椎动物志. 第2卷. 两栖类、爬行类、鸟类. 第5册，鸟臀类恐龙：总第9册 / 董枝明，尤海鲁，彭光照编著.—北京：科学出版社，2015.6
ISBN 978-7-03-044776-0

I. ①中… II. ①董… ②尤… ③彭… III. ①古动物－脊椎动物门－动物志－中国②古动物－爬行动物－动物志－中国 IV. ①Q915.86

中国版本图书馆CIP数据核字（2015）第123681号

责任编辑：胡晓春 / 责任校对：赵桂芬
责任印制：肖　兴 / 封面设计：黄华斌

科 学 出 版 社 出版
北京东黄城根北街16号
邮政编码：100717
http://www.sciencep.com
中国科学院印刷厂 印刷
科学出版社发行　各地新华书店经销
*
2015年6月第 一 版　　开本：787×1092　1/16
2015年6月第一次印刷　　印张：12 3/4
字数：264 000

定价：128.00元

Editorial Committee of Palaeovertebrata Sinica

PALAEOVERTEBRATA SINICA

Volume II

Amphibians, Reptilians, and Avians

Editor-in-Chief: **Li Jinling** | Associate Editor-in-Chief: **Zhou Zhonghe**

Fascicle 5 (Serial no. 9)

Ornithischian Dinosaurs

By **Dong Zhiming, You Hailu,** and **Peng Guangzhao**

Supported by the Special Research Program of Basic Science and Technology
of the Ministry of Science and Technology (2006FY120400)

Science Press
Beijing

本册撰写人员分工

恐龙类导言   尤海鲁 E-mail: youhailu@ivpp.ac.cn

有甲类   董枝明 E-mail: lfdinodong@sina.com

基干新鸟臀类和鸟脚类   彭光照 E-mail: pgz@zdm.cn

边头类   尤海鲁

（彭光照所在单位为自贡恐龙博物馆，其余编写人员所在单位均为中国科学院古脊椎动物与古人类研究所，中国科学院脊椎动物演化与人类起源重点实验室）

Contributors to this Fascicle

Introduction: Dinosauria   **You Hailu** E-mail: youhailu@ivpp.ac.cn

Thyreophora   **Dong Zhiming** E-mail: lfdinodong@sina.com

Basal Neornithischia and Ornithopoda   **Peng Guangzhao** E-mail: pgz@zdm.cn

Marginocephalia   **You Hailu**

(Peng Guangzhao is from the Zigong Dinosaur Museum, all the other contributors are from the Institute of Vertebrate Paleontology and Paleoanthropology, Chinese Academy of Sciences, Key Laboratory of Vertebrate Evolution and Human Origins of Chinese Academy of Sciences)

总　序

　　中国第一本有关脊椎动物化石的手册性读物是 1954 年杨钟健、刘宪亭、周明镇和贾兰坡编写的《中国标准化石——脊椎动物》。因范围限定为标准化石，该书仅收录了 88 种化石，其中哺乳动物仅 37 种，不及德日进 (P. Teilhard de Chardin) 1942 年在《中国化石哺乳类》中所列举的在中国发现并已发表的哺乳类化石种数 (约 550 种) 的十分之一。所以这本只有 57 页的小册子还不能算作一本真正的脊椎动物化石手册。我国第一本真正的这样的手册是 1960 – 1961 年在杨钟健和周明镇领导下，由中国科学院古脊椎动物与古人类研究所的同仁们集体编撰出版的《中国脊椎动物化石手册》。该手册共记述脊椎动物化石 386 属 650 种，分为《哺乳动物部分》(1960 年出版) 和《鱼类、两栖类和爬行类部分》(1961 年出版) 两个分册。前者记述了 276 属 515 种化石，后者记述了 110 属 135 种。这是对自 1870 年英国博物学家欧文 (R. Owen) 首次科学研究产自中国的哺乳动物化石以来，到 1960 年前研究发表过的全部脊椎动物化石材料的总结。其中鱼类、两栖类和爬行类化石主要由中国学者研究发表，而哺乳动物则很大一部分由国外学者研究发表。"文化大革命"之后不久，1979 年由董枝明、齐陶和尤玉柱编汇的《中国脊椎动物化石手册》(增订版) 出版，共收录化石 619 属 1268 种。这意味着在不到 20 年的时间里新发现的化石属、种数量差不多翻了一番 (属为 1.6 倍，种为 1.95 倍)。

　　自 20 世纪 80 年代末开始，国家对科技事业的投入逐渐加大，我国的古脊椎动物学逐渐步入了快速发展的时期。新的脊椎动物化石及新属、种的数量，特别是在鱼类、两栖类和爬行动物方面，快速增加。1992 年孙艾玲等出版了《The Chinese Fossil Reptiles and Their Kins》，记述了两栖类、爬行类和鸟类化石 228 属 328 种。李锦玲、吴肖春和张福成于 2008 年又出版了该书的修订版 (书名中的 Kins 已更正为 Kin)，将属种数提高到 416 属 564 种。这比 1979 年手册中这一部分化石的数量 (186 属 219 种) 增加了大约 1 倍半 (属近 2.24 倍，种近 2.58 倍)。在哺乳动物方面，20 世纪 90 年代初，中国科学院古脊椎动物与古人类研究所一些从事小哺乳动物化石研究的同仁们，曾经酝酿编写一部《中国小哺乳动物化石志》，并已草拟了提纲和具体分工，但由于种种原因，这一计划未能实现。

　　自 20 世纪 90 年代末以来，我国在古生代鱼类化石和中生代两栖类、翼龙、恐龙、鸟类，以及中、新生代哺乳类化石的发现和研究方面又有了新的重大突破，在恐龙蛋和爬行动物及鸟类足迹方面也有大量新发现。粗略估算，我国现有古脊椎动物化石种的总数已经超过 3000 个。我国是古脊椎动物化石赋存大国,有关收藏逐年增加,在研究方面正在努力进入世界强国行列的过程之中。此前所出版的各类手册性的著作已落后于我国古脊椎动物研究发展的现状,无法满足国内外有关学者了解我国这一学科领域进展的迫切需求。美国古生物学家 S. G. Lucas,积 5 次访问中国的经历,历时近 20 年,于 2001 年出版了一部 370 多页的《Chinese Fossil Vertebrates》。这部书虽然并非以罗列和记述属、种为主旨,而且其资料的收集限于 1996 年以前,却仍然是国外学者了解中国古脊椎动物学发展脉络的重要读物。这可以说是从国际古脊椎动物研究的角度对上述需求的一种反映。

2006 年,科技部基础研究司启动了国家科技基础性工作专项计划,重点对科学考察、科技文献典籍编研等方面的工作加大支持力度。是年 10 月科技部召开研讨中国各门类化石系统总结与志书编研的座谈会。这才使我国学者由自己撰写一部全新的、涵盖全面的古脊椎动物志书的愿望,有了得以实现的机遇。中国科学院南京地质古生物研究所和古脊椎动物与古人类研究所的领导十分珍视这次机遇,于 2006 年年底前,向科技部提交了由两所共同起草的"中国各门类化石系统总结与志书编研"的立项申请。2007 年 4 月 27 日,该项目正式获科技部批准。《中国古脊椎动物志》即是该项目的一个组成部分。

在本志筹备和编研的过程中,国内外前辈和同行们的工作一直是我们学习和借鉴的榜样。在我国,"三志"(《中国动物志》、《中国植物志》和《中国孢子植物志》)的编研,已经历时半个多世纪之久。其中《中国植物志》自 1959 年开始出版,至 2004 年已全部出齐。这部煌煌巨著分为 80 卷,126 册,记载了我国 301 科 3408 属 31142 种植物,共 5000 多万字。《中国动物志》自 1962 年启动后,已编撰出版了 126 卷、册,至今仍在继续出版。《中国孢子植物志》自 1987 年开始,至今已出版 80 多卷(不完全统计),现仍在继续出版。在国外,可以作为借鉴的古生物方面的志书类著作,有原苏联出版的《古生物志》(《Основы Палеонтологии》)。全书共 15 册,出版于 1959 – 1964 年,其中古脊椎动物为 3 册。法国的《Traité de Paléontologie》(实际是古动物志),全书共 7 卷 10 册,其中古脊椎动物(包括人类)为 4 卷 7 册,出版于 1952 – 1969 年,历时 18 年。此外,C. M. Janis 等编撰的《Evolution of Tertiary Mammals of North America》(两卷本)也是一部对北美新生代哺乳动物化石属级以上分类单元的系统总结。该书从 1978 年开始构思,直到 2008 年才编撰完成,历时 30 年。

参考我国"三志"和国外志书类著作编研的经验,我们在筹备初期即成立了志书编辑委员会,并同步进行了志书编研的总体构思。2007 年 10 月 10 日由 17 人组成的《中国古脊椎动物志》编辑委员会正式成立(2008 年胡耀明委员去世,2011 年 2 月 28 日增补邓涛、尤海鲁和张兆群为委员,2012 年 11 月 15 日又增加金帆和倪喜军两位委员,现共 21 人)。2007 年 11 月 30 日《中国古脊椎动物志》"编辑委员会组成与章程"、"管理条例"和"编写规则"三个试行草案正式发布,其中"编写规则"在志书撰写的过程中不断修改,直至 2010 年 1 月才有了一个比较正式的试行版本,2013 年 1 月又有了一个更为完善的修订本，至今仍在不断修改和完善中。

考虑到我国古脊椎动物学发展的现状，在汲取前人经验的基础上，编委会决定：①延续《中国脊椎动物化石手册》的传统，《中国古脊椎动物志》的记述内容也细化到种一级。这与国外类似的志书类都不同，后者通常都停留在属一级水平。②采取顶层设计，由编委会统一制定志书总体结构，将全志大体按照脊椎动物演化的顺序划分卷、册；直接聘请能够胜任志书要求的合适研究人员负责编撰工作，而没有采取自由申报、逐项核批的操作程序。③确保项目经费足额并及时到位，力争志书编研按预定计划有序进行，做到定期分批出版，努力把全志出版周期限定在 10 年左右。

编委会将《中国古脊椎动物志》的编写宗旨确定为："本志应是一套能够代表我国古脊椎动物学当前研究水平的中文基础性丛书。本志力求全面收集中国已发表的古脊椎动物化石资料，以骨骼形态性状为主要依据，吸收分子生物学研究的新成果，尝试运用分支系统学的理论和方法认识和阐述古脊椎动物演化历史、改造林奈分类体系，使之与演化历史更为吻合；着重对属、种进行较全面、准确的文字介绍，并尽可能附以清晰的模式标本图照，但不创建新的分类单元。本志主要读者对象是中国地学、生物学工作者及爱好者，高校师生，自然博物馆类机构的工作人员和科普工作者。"

编委会在将"代表我国古脊椎动物学当前研究水平"列入撰写本志的宗旨时，已经意识到实现这一目标的艰巨性。这一点也是所有参撰人员在此后的实践过程中越来越深刻地感受到的。正如在本志第一卷第一册"脊椎动物总论"中所论述的，自 20 世纪 50 年代以来，在古生物学和直接影响古生物学发展的相关领域中发生了可谓"翻天覆地"的变化。在 20 世纪七八十年代已形成了以 Mayr 和 Simpson 为代表的演化分类学派（evolutionary taxonomy）、以 Hennig 为代表的系统发育系统学派 [phylogenetic systematics，又称分支系统学派（cladistic systematics，或简化为 cladistics）] 及以 Sokal 和 Sneath 为代表的数值分类学派（numerical taxonomy）的"三国鼎立"的局面。自 20 世纪 90 年代以来，分支系统学派逐渐占据了明显的优势地位。进入 21 世纪以来，围绕着生物分类的原理、原则、程序及方法等的争论又日趋激烈，形成了新的"三国"。以演化分类学家 Mayr 和 Bock 为代表的"达尔文分类学派"（Darwinian classification），坚持依据相似性（similarity）和系谱（genealogy）两项准则作为分类基础，并保留林奈套叠等级体系，认为这正是达尔文早就提出的生物分类思想。在分支系统学派内部分成两派：以 de Quieroz 和 Gauthier 为代表的持更激进观点的分支系统学家组成了"系统发育分类命名法规学派"（简称 PhyloCode）。他们以单一的系谱（genealogy）作为生物分类的依据，并坚持废除林奈等级体系的观点。以 M. J. Benton 等为代表的持比较保守观点的分支系统学家则主张，在坚持分支系统学核心理论的基础上，采取某些折中措施以改进并保留林奈式分类和命名体系。目前争论仍在进行中。到目前为止还没有任何一个具体的脊椎动物的划分方案得到大多数生物和古生物学家的认可。我国的古生物学家大多还处在对这些新的论点、原理和方法以及争论论点实质的不断认识和消化的过程之中。这种现状首先影响到志书的总体架构：如何划分卷、册？各卷、册使用何种标题名称？系统记述部分中各高阶元及其名称如何取舍？基于林奈分类的《国际动物命名法规》是否要严格执行？……这些问题的存在甚至对编撰本志书的科学性和必要性都形成了质疑和挑战。

在《中国古脊椎动物志》立项和实施之初，我们确曾希望能够建立一个为本志书各卷、册所共同采用的脊椎动物分类方案。通过多次尝试，我们逐渐发现，由于脊椎动物内各大类群的研究历史和分类研究传统不尽相同，对当前不同分类体系及其使用的方法，在接受程度上差别较大，并很难在短期内弥合。因此，在目前要建立一个比较合理、能被广泛接受、涵盖整个脊椎动物的分类方案，便极为困难。虽然如此，通过多次反复研讨，参撰人员就如何看待分类和究竟应该采取何种分类方案等还是逐渐取得了如下一些共识：

1）分支系统学在重建生物演化过程中，以其对分支在演化过程中的重要作用的深刻认识和严谨的逻辑推导方法，而成为当前获得古生物学家广泛支持的一种学说。任何生物分类都应力求真实地反映生物演化的过程，在当前则应力求与分支系统学的中心法则（central tenet）以及与严格按照其原则和方法所获得的结论相符。

2）生物演化的历史（系统发育）和如何以分类来表达这一历史，属于两个不同范畴。分类除了要真实地反映演化历史外，还肩负协助人类认知和记忆的功能。两者不必、也不可能完全对等。在当前和未来很长一段时期内，以二维和文字形式表达演化过程的最好方式，仍应该是现行的基于林奈分类和命名法的套叠等级体系。从实用的观点看，把十几代科学工作者历经250余年按照演化理论不断改进的、由近200万个物种组成的庞大的阶元分类体系彻底抛弃而另建一新体系，是不可想象的，也是极难实现的。

3）分类倘若与分支系统学核心概念相悖，例如不以共祖后裔而单纯以形态特征为分类依据，由复系类群组成分类单元等，这样的分类应予改正。对于分支系统学中一些重要但并非核心的论点，诸如姐妹群需是同级阶元的要求，干群（"Stammgruppe"）的分类价值和地位的判别，以及不同大类群的阶元级别的划分和确立等，正像分支系统学派内部有些学者提出的，可以采取折中措施使分支系统学的基本理论与以林奈分类和命名法为基础建立的现行分类体系在最大程度上相互吻合。

4）对于因分支点增多而所需阶元数目剧增的矛盾，可采取以下折中措施解决。①对高度不对称的姐妹群不必赋予同级阶元。②对于重要的、在生物学领域中广为人知并广泛应用、而目前尚无更好解决办法的一些大的类群，可实行阶元转移和跃升，如鸟类产生于蜥臀目下的一个分支，可以跃升为纲级分类单元（详见第一卷第一册的"脊椎动物总论"）。③适量增加新的阶元级别，例如1997年McKenna和Bell已经提出推荐使用新的主阶元，如Legion（阵）、Cohort（部）等，和新的次级阶元，如Magno-（巨）、Grand-（大）、Miro-（中）和Parvo-（小）等。④减少以分支点设阶的数量，如仅对关键节点设立阶元、次要节点以顺序先后（sequencing）表示等。⑤应用全群（total group）的概念，不对其中的并系的干群（stem group 或 "Stammgruppe"）设立单独的阶元等。

5）保留脊椎动物现行亚门一级分类地位不变，以避免造成对整个生物分类体系的冲击。科级及以下分类单元的分类地位基本上都已稳定，应尽可能予以保留，并严格按照最新的《国际动物命名法规》（1999 年第四版）的建议和要求处置。

根据上述共识，我们在第一卷第一册的"脊椎动物总论"中，提出了一个主要依据中国所有化石所建立的脊椎动物亚门的分类方案（PVS-2013）。我们并不奢求每位参与本志书撰写的人员一定接受它，而只是推荐一个可供选择的方案。

对生物分类学产生重要影响的另一因素则是分子生物学。依据分支系统学原理和方法，借助计算机高速数学运算，通过分析分子生物学资料（DNA、RNA、蛋白质等的序列数据）来探讨生物物种和类群的系统发育关系及支系分异的顺序和时间，是当前分子生物学领域的热点之一。一些分子生物学家对某些高阶分类单元（例如目级）的单系性和这些分类单元之间的系统关系进行探索，提出了一些令形态分类学家和古生物学家耳目一新的新见解。例如，现生哺乳动物 18 个目之间的系统和分类关系，一直是古生物学家感到十分棘手的问题，因为能够找到的目之间的共有裔征（synapomorphy）很少，而经常只有共有祖征（symplesiomorphy）。相反，分子生物学家们则可以在分子水平上找到新的证据，将它们进行重新分解和组合。例如，他们在一些属于不同目的"非洲类型"的哺乳动物（管齿目、长鼻目、蹄兔目和海牛目）和一些非洲土著的"食虫类"（无尾猬、金鼹等）中发现了一些共同的基因组变异，如乳腺癌抗原 1（BRCA1）中有 9 个碱基对的缺失，还在基因组的非编码区中发现了特有的 "非洲短散布核元件（AfroSINES）"。他们把上述这些"非洲类型"的动物合在一起，组成一个比目更高的分类单元（Afrotheria，非洲兽类）。根据类似的分子生物学信息，他们把其他大陆的异节类、真魁兽啮型类和劳亚兽类看作是与非洲兽类同级的单元。分子生物学家们所提出的许多全新观点，虽然在细节上尚有很多值得进一步商榷之处，但对现行的分类体系无疑具有重要的参考价值，应在本志中得到应有的重视和反映。

采取哪种分类方案直接决定了本志书的总体结构和各卷、册的划分。经历了多次变化后，最后我们没有采用严格按照节点型定义的现生动物（冠群）五"纲"（鱼、两栖、爬行、鸟和哺乳动物）将志书划分为五卷的办法。其中的缘由，一是因为以化石为主的各"纲"在体量上相差过于悬殊。现生动物的五纲，在体量上比较均衡（参见第一卷第一册"脊椎动物总论"中有关部分），而在化石中情况就大不相同。两栖类和鸟类化石的体量都很小：两栖类化石目前只有不到 40 个种，而鸟类化石也只有大约五六十种（不包括现生种的化石）。这与化石鱼类，特别是哺乳类在体量上差别很悬殊。二是因为化石的爬行类和冠群的爬行动物纲有很大的差别。现有的化石记录已经清楚地显示，从早期的羊膜类动物中很早就分出两大主要支系：一支通过早期的下孔类演化为哺乳动物。下孔类，按照演化分类学家的观点，虽然是哺乳动物的早期祖先，但在形态特征上仍然和爬行类最为接近，因此应该归入爬行类。按照分支系统学家的观点，早期下孔类和哺乳动物共同组成一个全群（total group），两者无疑应该分在同一卷内。该全群的名称应该叫做下孔类，亦即：下孔类包含哺乳动物。另一支则是所有其他的爬行动物，包括从蜥臀类恐龙的虚骨龙类的一个分支演化出的鸟类，因此鸟类应该与爬行类放在同一卷内。上述情况使我们最后决定将两栖类、不包括下孔类的爬行类与鸟类合为一卷（第二卷），而早期下孔类和哺乳动物则共同组成第三卷。

在卷、册标题名称的选择上，我们碰到了同样的问题。分支系统学派，特别是系统发育分类命名法规学派，虽然强烈反对在分类体系中建立绝对阶元级别，但其基于严格单系分支概念的分类名称则是"全套叠式"的，亦即每个高阶分类单元必须包括其最早的祖先及由此祖先所产生的所有后代。例如传统意义中的鱼类既然包括肉鳍鱼类，那么也必须包括由其产生的所有的四足动物及其所有后代。这样，在需要表述某一"全套叠式"的名称的一部分成员时，就会遇到很大的困难，会出现诸如"非鸟恐龙"之类的称谓。相反，林奈分类体系中的高阶分类单元名称却是"分段套叠式"的，其五纲的概念是互不包容的。从分支系统学的观点看，其中的鱼纲、两栖纲和爬行纲都是不包括其所有后代的并系类群（paraphyletic groups），只有鸟纲和哺乳动物纲本身是真正的单系分支（clade）。林奈五纲的概念在生物学界已经根深蒂固，不会引起歧义，因此本志书在卷、册的标题名称上还是沿用了林奈的"分段套叠式"的概念。另外，由于化石类群和冠群在内涵和定义上有相当大的差别，我们没有直接采用纲、目等阶元名称，而是采用了含义宽泛的"类"。第三卷的名称使用了"基干下孔类　哺乳类"是因为"下孔类"这一分类概念在学界并非人人皆知，若在标题中舍弃人人皆知的哺乳类，而单独使用将哺乳类包括在内的下孔类这一全群的名称，则会使大多数读者感到茫然。

在编撰本志书的过程中我们所碰到的最后一类问题是全套志书的规范化和一致性的问题。这类问题十分烦琐，我们所花费时间也最多。

首先，全志在科级以下分类单元中与命名有关的所有词汇的概念及其用法，必须遵循《国际动物命名法规》。在本志书项目开始之前，1999年最新一版（第四版）的《International Code of Zoological Nomenclature》已经出版。2007年中译本《国际动物命名法规》（第四版）也已出版。由于种种原因，我国从事这方面工作的专业人员，在建立新科、属、种的时候，往往很少认真阅读和严格遵循《国际动物命名法规》，充其量也只是参考张永辂1983年出版的《古生物命名拉丁语》中关于命名法的介绍，而后者中的一些概念，与最新的《国际动物命名法规》并不完全符合。这使得我国的古脊椎动物在属、种级分类单元的命名、修订、重组，对模式的认定，模式标本的类型（正模、副模、选模、副选模、新模等）和含义，其选定的条件及表述等方面，都存在着不同程度的混乱。

这些都需要认真地予以厘定，以免在今后以讹传讹。

其次，在解剖学，特别是分类学外来术语的中译名的取舍上，也经常令我们感到十分棘手。"全国科学技术名词审定委员会公布名词"（网络 2.0 版）是我们主要的参考源。但是，我们也发现，其中有些术语的译法不够精准。事实上，在尊重传统用法和译法精准这两者之间有时很难做出令人满意的抉择。例如，对 phylogeny 的译法，在"全国科学技术名词审定委员会公布名词"中就有种系发生、系统发生、系统发育和系统演化四种译法，在其他场合也有译为亲缘关系的。按照词义的精准度考虑，钟补求于 1964 年在《新系统学》中译本的"校后记"中所建议的"种系发生"大概是最好的。但是我国从1922 年杜就田所编撰的《动物学大词典》中就使用了"系统发育"的译法，以和个体发育（ontogeny）相对应。在我国从 1978 年开始的介绍和翻译分支系统学的热潮中，几乎所有的译介者都沿用了"系统发育"一词。经过多次反复斟酌，最后，我们也采用了这一译法。类似的情况还有很多，这里无法一一列举，这些抉择是否恰当只能留待读者去评判了。

再次，要使全套志书能够基本达到首尾一致也绝非易事。像这样一部预计有 3 卷 23册的丛书，需要花费众多专家多年的辛勤劳动才能完成；而在确立各种体例和格式之类的琐事上，恐怕就要花费其中一半的时间和精力。诸如在每一册中从目录列举的级别、各章节排列的顺序，附录、索引和文献列举的方式及详简程度，到全书中经常使用的外国人名和地名、化石收藏机构等的缩写和译名等，都是非常耗时费力的工作。仅仅是对早期文献是否全部列入这一点，就经过了多次讨论，最后才确定，对于 19 世纪中叶以前的经典性著作，在后辈学者有过系统而全面的介绍的情况下（例如 Gregory 于 1910 年对诸如 Linnaeus、Blumenbach、Cuvier 等关于分类方案的引述），就只列后者的文献了。此外，在撰写过程中对一些细节的决定经常会出现反复，需经多次斟酌、讨论、修改，最后再确定；而每一次反复和重新确定，又会带来新的、额外的工作量，而且确定的时间越晚，增加的工作量也就越大。这其中的烦琐和日久积累的心烦意乱，实非局外人所能体会。所幸，参加这一工作的同行都能理解：科学的成败，往往在于细节。他们以本志书的最后完成为己任，孜孜矻矻，不厌其烦，而且大多都能在规定的时限内完成预定的任务。

本志编撰的初衷，是充分发挥老科学家的主导作用。在开始阶段，编委会确实努力按照这一意图，尽量安排老科学家担负主要卷、册的编研。但是随着工作的推进，编委会越来越深切地感觉到，没有一批年富力强的中年科学家的参与，这一任务很难按照原先的设想圆满完成。老科学家在对具体化石的认知和某些领域的综合掌控上具有明显的经验优势，但在吸收新鲜事物和新手段的运用、特别是在追踪新兴学派的进展上，却难以与中年才俊相媲美。近年来，我国古脊椎动物学领域在国内外都涌现出一批极为杰出的人才，其中有些是在国外顶级科研和教学机构中培养和磨砺出来的科学家。他们的参与对于本志书达到"当前研究水平"的目标起到了关键的作用。值得庆幸的是，我们所邀请的几位这样的中年才俊，都在他们本已十分繁忙的日程中，挤出相当多时间参与本志有关部分的撰写和/或评审工作。由于编撰工作中技术性任务量大、质量要求高，一部分年轻的学子也积极投入到这项工作中。最后这支编撰队伍实实在在地变成了一支老中青相结合的队伍了。

大凡立志要编撰一本专业性强的手册性读物，编撰者首要的追求，一定是原始资料的可靠和记录及诠释的准确性，以及由此而产生的权威性。这样才能经得起广大读者的推敲和时间的考验，才能让读者放心地使用。在追求商业利益之风日盛、在科普读物中往往充斥着种种真假难辨的猎奇之词的今天，这一点尤其显得重要，这也是本编辑委员会和每一位参撰人员所共同努力追求并为之奋斗的目标。虽然如此，由于我们本身的学识水平和认识所限，错误和疏漏之处一定不少，真诚地希望读者批评指正。

感谢 《中国古脊椎动物志》编研工作得以启动，首先要感谢科技部具体负责此项工作的基础研究司的领导，也要感谢国家自然科学基金委员会、中国科学院和相关政府部门长期以来对古脊椎动物学这一基础研究领域的大力支持。令我们特别难以忘怀的是几位参与我国基础性学科调研并提出宝贵建议的地学界同行，如黄鼎成和马福臣先生，是他们对临界或业已退休、但身体尚健的老科学工作者的报国之心的深刻理解和积极奔走，才促成本专项得以顺利立项，使一批新中国建立后成长起来的老古生物学家有机会把自己毕生积淀的专业知识的精华总结和奉献出来。另外，本志书编委会要感谢本专项的挂靠单位，中国科学院古脊椎动物与古人类研究所的领导和各处、室，特别是标本馆、图书室、负责照相和绘图的技术室，以及财务处的同仁们，对志书工作的大力支持。编委会要特别感谢负责处理日常事务的本专项办公室的同仁们。在志书编撰的过程中，在每一次研讨会、汇报会、乃至财务审计等活动中，他们忙碌的身影都给我们留下了难忘的印象。我们还非常幸运地得到了与科学出版社的胡晓春编辑共事的机会。她细致的工作作风和精湛的专业技能，使每一个接触到她的参撰人员都感佩不已。在本志书的编撰过程中，还有很多国内外的学者在稿件的学术评审过程中提出了很多中肯的批评和改进意见，使我们受益匪浅，也使志书的质量得到明显的提高。这些在相关册的致谢中都将做出详细说明，编委会在此也向他们一并表达我们衷心的感谢。

《中国古脊椎动物志》编辑委员会

2013 年 8 月

特别说明：本书主要用于科学研究。书中可能存在未能联系到版权所有者的图片，请见书后与科学出版社联系处理相关事宜。

本 册 前 言

恐龙时代的记录被极为完整地保存在华夏大地，世界各地的古生物学者，对近年来中国科学家们持续描述的全新恐龙家族深深地着迷不已。

加拿大恐龙学家 戴尔·罗素 (Dale Russell)

1842 年，理查德·欧文 (Richard Owen) 引用两个希腊词 "Deinos"（可怕的）和 "Sauros"（蜥蜴）创造了 "Dinosauria" 一词，直译 "可怕的、大的蜥蜴"。我国老一辈科学家依据日本学者的翻译将其译作 "恐龙"。这是因为我国一向有关于 "龙和龙骨" 的传说，认为龙为鳞虫（指蛇、鳄、蜥蜴等）之长，所以把 "Sauros" 译为 "龙"，常泛指地质时代的古爬行动物。

在中生代，恐龙的分布是全球性的。目前全球各大陆，以及南北两极地区都有恐龙化石产出的记录。至今全世界命名有效恐龙已有 1000 多个属种 (Benton, 2010)。中国恐龙化石的科学研究，始于 1902 年，至今已有百余年的历史 (Dong, 1992)。中国已记述恐龙属种约 170 个，涵盖了恐龙中几乎所有主要类群 (Weishampel et al., 2004a)。根据目前的资料，我国中生代陆相地层中保存了五个连续的恐龙动物群：早侏罗世禄丰龙动物群、中侏罗世蜀龙动物群、晚侏罗世马门溪龙动物群、早白垩世鹦鹉嘴龙动物群和晚白垩世鸭嘴龙动物群，它们可以进一步划分为十个恐龙组合 (Dong, 1992；Dong, 1997a)(附表一)。

在我国，新的恐龙化石标本的发现和新的研究方法的引进及创新，促使恐龙研究步入了一片新的天地。1996 年，辽西带 "羽毛" 恐龙化石标本的发现，引发了全世界恐龙学界研究 "恐龙与鸟" 的亲缘关系和演化的热潮。精致地保存的软体组织让我们可以跨越比较解剖学的层面，进一步去了解生理功能、恐龙与原始鸟类羽毛构造细节，开启了有关飞翔起源的研究主题。在我国，恐龙的埋藏学、恐龙的分支系统学、恐龙骨骼组织学和恐龙蛋壳结构的显微学研究正在蓬勃开展，并取得了一批成果；氨基酸和 DNA 的分析研究也在尝试进行。一批在国内外学有所成的硕士、博士成长为研究工作的中坚力量。每年都有重要的研究论文在国内外专业杂志，包括《Nature》和《Science》等重要期刊上发表。中国有一大批恐龙化石爱好者和恐龙迷，他们是促进中国恐龙研究和科学普及的先锋和基石。

目前，中国有六个恐龙专业博物馆：四川自贡恐龙博物馆，山东诸城恐龙博物馆，内蒙古二连浩特恐龙博物馆，黑龙江伊春小兴安岭恐龙博物馆，黑龙江嘉荫神州恐龙博物馆和云南禄丰恐龙博物馆；五个恐龙主题公园：江苏常州中华恐龙园，云南禄丰世界恐龙谷，河南西峡恐龙遗址园，甘肃刘家峡恐龙足迹公园和自贡世界恐龙地质公园；六个国家级的恐龙化石保护地。政府已要求有条件的省份建立自然科学博物馆，向公众开放，恐龙化石是其中最受欢迎的展品，在科学普及和文化旅游中起着举足轻重的作用。

也许是缘分，也许是机遇，在我七十岁生日之际，接《中国古脊椎动物志》编辑委员会主任邱占祥院士之邀负责编撰《中国古脊椎动物志》第二卷第五册鸟臀类恐龙。尽管我喜爱恐龙，五十年来，我为中国恐龙研究事业全身投入，但凭我现今的能力，是很难编写好一本中国的恐龙志书的。好在我得到很多朋友、同行和学生们的帮助；有他们的参与和帮助，我欣然接受了这一重任。

本册主要收录的是中国的鸟臀类恐龙。全球已记述鸟臀类化石有效种 200 多个（Weishampel，2004a）。截止到 2010 年年底，我国已记述鸟臀类化石 63 属 77 种。本书希望对这些属种做一较系统和简洁的总结。为了做好这一工作，我们组成了一个团队，制定了编撰大纲，做了细致的分工：彭光照负责撰写基干新鸟臀类和鸟脚类，尤海鲁负责编撰恐龙类导言和边头类，董枝明负责编汇有甲类；文稿最后由董枝明和尤海鲁总汇成书。书中的插图主要由余勇和凌曼完成。

本书能与大家见面，得感谢帮助过我们的朋友和同行们：徐星，李建军，李奎，欧阳辉，李大庆，吕君昌，叶勇，王涛，关谷透，潘世刚，朱晓梅，邢立达，周长付，王娅明，台湾自然科学博物馆的程延年博士，日本福井恐龙博物馆的东洋一（Yoichi Azuma）博士和比利时的帕斯卡·哥得佛累特（Pascal Godefroit）博士。是他们无私的帮助和慷慨允诺使用他们拥有的资料，本册志书才能得以完成。

衷心感谢本册的审阅人：加拿大自然博物馆的吴肖春博士，美国堪萨斯大学的苗德岁博士和中国科学院古脊椎动物与古人类研究所的徐星博士等，他们对本册文稿从内容到形式进行了审评、修改，提出了相关建议。作者还特别感谢《中国古脊椎动物志》编辑委员会主任邱占祥院士和本卷主编李锦玲研究员，在本书编撰过程中，从形式到内容他们始终给予善意的督导和帮助，提高了本书的编撰质量并促使其如期出版。

董枝明

2013 年 2 月

本册涉及的机构名称及缩写

【缩写原则：1. 本志书所采用的机构名称及缩写仅为本志使用方便起见编制，并非规范名称，不具法规效力。2. 机构名称均为当前实际存在的单位名称，个别重要的历史沿革在括号内予以注解。3. 原单位已有正式使用的中、英文名称及 / 或缩写者（用 * 标示），本志书从之，不做改动。4. 中国机构无正式使用之英文名称及 / 或缩写者，原则上根据机构的英文名称或按本志所译英文名称字串的首字符（其中地名按音节首字符）顺序排列组成，个别缩写重复者以简便方式另择字符取代之。】

（一）中国机构

*BMNH — 北京自然博物馆 Beijing Museum of Natural History

BXGM — 本溪地质博物馆（辽宁）Benxi Geological Museum (Liaoning Province)

CQMNH — 重庆自然博物馆 Chongqing Museum of Natural History

CUT — 成都理工大学（原成都地质学院，四川）Chengdu University of Technology (former Geological College of Chengdu, Sichuan Province)

*GMC — 中国地质博物馆（北京）Geological Museum of China (Beijing)

GMH — 黑龙江省地质博物馆（哈尔滨）Geological Museum of Heilongjiang Province (Harbin)

*GMPKU — 北京大学地质博物馆 Geological Museum of Peking University (Beijing)

*GSGM — 甘肃地质博物馆（兰州）Gansu Geological Museum (Lanzhou)

*HNGM — 河南地质博物馆（郑州）Henan Geological Museum (Zhengzhou)

*IGCAGS — 中国地质科学院地质研究所（北京）Institute of Geology, Chinese Academy of Geological Sciences (Beijing)

IMM — 内蒙古博物院（呼和浩特）Inner Mongolia Museum (Hohhot)

*IVPP — 中国科学院古脊椎动物与古人类研究所（北京）Institute of Vertebrate Paleontology and Paleoanthropology, Chinese Academy of Sciences (Beijing)

JLUM — 吉林大学博物馆（长春）Jilin University Museum (Changchun)

JSDM — 嘉荫神州恐龙博物馆（黑龙江）Jiayin Shenzhou Dinosaur Museum (Heilongjiang Province)

*JZMP — 锦州古生物博物馆（辽宁）Jinzhou Museum of Paleontology (Liaoning Province)

*LHGPI — 龙昊地质古生物研究所（内蒙古 呼和浩特）Long Hao Geological and Paleontological Institute (Hohhot, Nei Mongol Autonomous Region)

LPM — 辽宁古生物博物馆（北票）Paleontological Museum of Liaoning (Beipiao)

*NHMG — 广西壮族自治区自然博物馆（南宁）Natural History Museum of Guangxi Zhuang Autonomous Region (Nanning)

*NWU — 西北大学（陕西 西安）Northwest University (Xi'an, Shaanxi Province)

*STM — 山东省天宇自然博物馆（平邑）Shandong Tianyu Museum of Natural History (Pingyi)

*XGMRM — 新疆地质矿产博物馆（乌鲁木齐）Xinjiang Geology and Mineral Resources Museum (Ürümqi)

YZFM — 宜州化石馆（辽宁 义县）China Yizhou Fossil Museum (Yixian, Liaoning Province)

ZCDM — 诸城恐龙博物馆（山东）Zhucheng Dinosaur Museum (Shandong Province)

*ZDM — 自贡恐龙博物馆（四川）Zigong Dinosaur Museum (Sichuan Province)

*ZMNH — 浙江自然博物馆（杭州）Zhejiang Museum of Natural History (Hangzhou)

（二）外国机构

*AMNH — American Museum of Natural History (New York) 美国自然历史博物馆（纽约）

*FMNH — Field Museum of Natural History (Chicago, USA) 菲尔德自然历史博物馆（美国 芝加哥）

MEUU — Museum of Evolution (including former Paleontological Museum) of Uppsala University (Sweden) 乌普萨拉大学演化博物馆（瑞典）

*PIN — Paleontological Institute, Russian Academy of Sciences (Moscow) 俄罗斯科学院 古生物研究所（莫斯科）

*ZPAL — Zaklad Palaeobiologii, Polska Akademia Nauk (Warsaw) 波兰科学院古生物研究 所（华沙）

目　录

恐龙类导言

一、概　　述

　　"恐龙"一词可谓家喻户晓。现今，恐龙不仅是科学研究的热点，也已成为人类文化生活的一部分。本书中"恐龙"一词特指"非鸟类恐龙"（下同，除非特别说明）。对"恐龙"一词的这一诠释，反映了近几十年来古生物学指导思想和研究方法的一次深刻变革，亦即系统发育系统学（亦可简称为分支系统学）的兴起和广泛应用。如果严格按照分支系统学的观点进行分类，一个分类单元必须是单系类群。既然研究表明鸟类是由恐龙中的一支演变而来，那么恐龙自然也就包括了鸟类。这就意味着恐龙并没有灭绝，现生所有鸟类都是它们的后裔。与此不同，分支系统学兴盛之前的综合演化理论学派的分类学家，则更强调生物各类群演化的不同水平或进化级（grade），把鸟类看作和爬行动物（包括恐龙在内）属于同一级别的两个不同的类群，即鸟纲和爬行纲。尽管如此，双方都认同只有一棵"生命之树（Tree of Life）"的存在，只是对如何解读和命名这棵树上的枝权有着不同的观点和方法。一些持较极端观点的分支系统学家提倡废弃传统的源于林奈的生物命名法规，而以新的"分支系统命名法规（PhyloCode）"取而代之。这样，我们所熟悉的把生物归类为"界门纲目科属种"的模式将不再适用。目前，有关生物命名法规的争论还在继续，我们正处于一个章法不一的过渡期。本册志书对科及科以下的分类单元将基本沿用传统的林奈式分类命名系统，保留其惯用的名称，同时力求达到分支系统学对分类单元须是单系类群的要求，按照《国际动物命名法规》（第四版）的规范进行叙述。分类阶元地位尚无定论的科以上的类群不受分类阶元的限制，可泛称为"某某类"（-ia），"某某形类"（-formes），或某某型类（-morpha）。

　　按较保守的估计，目前全世界已命名恐龙 800 余属，1000 余种。这些恐龙发现于各大洲，包括南、北极地区的中生代地层中。它们大小不一：小的不足一米，体重仅约 220 g（*Microraptor*，据 Erickson et al., 2001 推测），大的却可达几十米长，上百吨重，成为陆地上最大的动物；形态各异：有的头顶布满各种角饰，有的身躯附着剑板或甲片，有的尾端变成骨锤或骨刺；食性复杂：有的肉食，有的植食，有的杂食；行为多样：有的独处，有的群居，有的育雏，具亲子行为；生殖方式也不尽相同：有一窝蛋一次产就，也有多次完成的；而且占据了不同的生境：不仅是陆地的绝对统治者，有的还用四翼飞向了天空。我们不妨将恐龙想象成是一个像哺乳动物那样的大家族，千姿百态。事实上两者同时起源于中生代的三叠纪，只不过恐龙很快统治了随后的中生代，而哺乳动物则在白垩纪末恐龙灭绝后占据了新生代并延续至今。当然，恐龙的一支——鸟类依然统治了现在的天空。

关于恐龙是温血（warm-blooded）还是冷血（cold-blooded）这一命题首先由 Colbert 等（1946）提出。在现生四足类中，哺乳动物和鸟类通常被认为是温血的，或恒温的（homeothermic）；而像鳄类和蜥蜴等爬行动物则是冷血的、变温的（poikilothermic）。前者主要是因为它们有较高的新陈代谢率，体内可以产生较多热量而使体温维持在一个相对较高而稳定的水平，因此也被称为内温型动物（endothermic）。爬行动物新陈代谢率相对较低，其体温主要是受外部环境调节，被称为外温型（ectothermic）动物。传统概念中的恐龙在骨骼形态特征上与后者最为接近，因此也被归为冷血、变温和外温型动物。自 Bakker（1972）提出恐龙是内温型动物之后，这一时成了恐龙研究中一个特别热门的话题。Benton（2005）对赞成和反对恐龙为内温型动物的各种观点进行了梳理，现简述如下。

1）古气候和分布地区方面的证据　恐龙化石曾在阿拉斯加和澳大利亚南部的维多利亚州的早白垩世地层中发现。根据古地理复原，当时这些地区仍然位于南、北极圈附近，其气候虽然不会像现在这样终年为冰雪覆盖，但至少在极少阳光的冬半年仍会是冷冻天气。现在南、北极区生活的都是内温型的哺乳动物；因此，恐龙也该是内温型的。但是，有学者根据现生动物（特别是鳄类）体温变化的资料推导出，在中生代某些恐龙，即使是外温型的，在纬度50°–55°以下其体温也可以保持在30℃以上。同时在冬半年时生活在极地的恐龙可以迁徙至较低纬度的地方，以避开缺阳光和少植物的不利环境。

2）捕食者-被捕食者比率方面的证据　根据对现生动物的研究，在内温型哺乳动物中捕食者-被捕食者比率为5%左右，而在外温型爬行动物中这一比率则为30%–50%。Bakker（1972）推算出，在中生代恐龙动物群中这一比率仅为2%–3%，因此推测恐龙是内温型的。但有人指出，这一比率的计算方法本身就存在很多问题。有人提出，对于大型的动物，不管是内温还是外温，这个比率都很接近，因此不能用来推断动物是内温还是外温型。

3）直立与高速奔走方面的证据　在现生动物中只有内温型的哺乳动物和鸟类可以直立并高速奔跑。恐龙与其祖先类群（两栖类和早期爬行类动物等）相比，能够直立，而且奔跑速度显著较高。Bakker认为这也是恐龙属于内温型动物的证据。但并没有确凿证据证实直立行走和内热之间的必然联系，更何况对足迹化石的研究表明只有较小的两足行走的恐龙才可能具有较高的奔跑速度（每小时35–60 km），大型恐龙大约只有每小时10–20 km的移动速度，无法和哺乳动物相比。

4）血液动力学方面的证据　有人认为长颈蜥脚类恐龙必须要有像现生哺乳动物和鸟类那样的两房两室的心脏才能供给其头部足够的血量。姑且不说蜥脚类的头未必都是高高昂起的长颈鹿式的，冷血的鳄鱼的心脏也是两房两室的。

5）骨组织学方面的证据　许多恐龙具有像哺乳动物一样的哈弗斯系统（Haversian systems），但类似结构在现生外热型的爬行动物中也有发现，而且许多小型的哺乳动物和鸟类却没有哈弗斯系统。许多恐龙具有纤维板状（fibrolamellar）结构也被认为是内温型的证据。反对者认为，这只是快速生长的标志，而不能说明这些恐龙一定是内温型的。

6）高生长率方面的证据　现生爬行类一般都生长很慢，而内温型哺乳动物则生长很快。恐龙确实也生长很快。对骨骼的研究表明，很大的蜥脚类可以在 10–15 年长成，其速率更接近鲸类，而比鳄类高很多。这也是恐龙被认为是内温型的证据。不过，这很可能与"惯性恒温现象"有关（见下）。

7）羽毛方面的证据　羽毛在部分恐龙中的存在已是不争的事实。这应该是内温型动物的很好证据。

8）体温变化方面的证据　有人通过测定稳定氧同位素比率在暴龙（Tyranosaurus）内部骨骼（如肋骨和背椎）和周边骨骼（如肢骨和尾椎）的变化推测恐龙身体内部温度比周边温度高约 4℃，并认为这样一种恒定的温差是由内温机制产生的。有人认为这大概也与"惯性恒温现象"有关（见下）。

9）鼻甲骨方面的反证　在现生鸟类和哺乳动物中有鼻甲骨（turbinates），用以保留呼吸时空气中的水分，是内温型动物的特有构造。恐龙的鼻腔内从未发现过鼻甲骨，因此恐龙应为外温型动物。

Benton（2005）认为，Bakker 宣称恐龙全都是完全成熟的内温动物是错误的，但说恐龙全部是外温动物也是不对的。他认为在小体型和大体型的恐龙中都有一些可能已经是属于内温型动物的。在小体型恐龙中，那些带有羽毛的虚骨龙类就极可能是某种程度的内温型动物，虽然其体温不会像鸟类那样高。至于大体型的恐龙，很可能是内温型的。Spotila 等（1991）认为大型恐龙的新陈代谢方式及其体温变化既不像典型的鸟类和哺乳动物，也不像鳄类等爬行动物，而是非常独特的类型，也就是说，因为它们体型巨大不需要很高的像哺乳动物和鸟类那样的新陈代谢率和内温代谢方式即可维持相对恒定的体温。这种特殊的方式可以称作"inertial homeothermy"（可译作惯性恒温型），或"ectothermic homeothermy"（可译作外温性恒温型），或"Gigantothermy"（可译作巨体恒温型）。这里有两点我们要明确：第一，并非恒温 - 内温就比变温 - 外温更"优越"，现生大量爬行动物的存在就是很好的证明。第二，中生代与现在的环境不一样，地球系统及其生物是在不断演化的，恐龙采取的生活方式不必、也不可能与现生动物完全相同。

二、定　义

欧文观察研究了三件发现于英国的化石：巨齿龙（*Megalosaurus* Buckland, 1824）、禽龙（*Iguanodon* Mantell, 1825）和丛林龙（*Hylaeosaurus* Mantell, 1833），认为它们是爬行动物，但又与已知其他爬行动物不同，个体均较大，而且它们可以像哺乳动物那样直立行走。因此，欧文将它们归为蜥类爬行动物（Saurian Reptiles）中的一族（Tribe）或亚目（Sub-order），称作Dinosauria（Owen, 1842）。欧文对Dinosauria原义的解释为"terribly large lizard or reptile"，是指非常巨大的蜥蜴或爬行动物，并无恐怖之意。据查，dino系源自希腊文"deinos"，确为"恐怖的"或"可怕的"，"sauros"为希腊文"蜥或爬行动物"。按现在的观点看，当时发现的那三种恐龙的个体也并非十分巨大。按希腊原意，将其译作"巨蜥"或"巨龙"似乎也并不合适。现仍按老一辈科学家之意，译作"恐龙"（见前言）。在随后的几十年中，又有不少的恐龙新属种被发现和命名，对这些恐龙的分类也时有探讨。但只有英国古生物学家Seeley在1887年提出的将恐龙分为鸟臀类和蜥臀类的方案沿用至今。Seeley认为鸟臀类和蜥臀类是分别独立起源于所谓的"槽齿类"（Thecodonts），因此恐龙并非单系类群。这一观点在其后近一个世纪内被普遍认同（von Huene, 1914；de Beer, 1954；Romer, 1966；Charig, 1976）；而且不仅鸟臀类和蜥臀类是独立起源的，鸟臀类中的甲龙类，蜥臀类中的蜥脚类和兽脚类也有可能是分别独立起源于"槽齿类"中。因此，这一时期对恐龙的定义及其内涵并不符合现代分支系统学对单系类群的要求。

Ostrom于20世纪60年代末和70年代初对恐爪龙和始祖鸟的研究揭开了现代恐龙研究的序幕（Ostrom, 1969, 1972, 1973）。Bakker和Galton（1974）明确提出恐龙是一单系类群，而且鸟类是兽脚类恐龙的一支。他们列举了许多骨骼形态学的特征，并推测恐龙像鸟类一样是"温血动物"，因此可以独立列为一个纲一级的分类单元。这一"标新立异"的观点立即遭到了强烈质疑（Thulborn, 1975；Charig, 1976）。1986年，Gauthier第一个用分支系统学的方法对恐龙各主要类群及其相关外类群进行研究，发现了支持恐龙单系性的9个裔征。Gauthier这一结论随后被大量分支系统学研究所支持，恐龙的单系性遂被确立（Brinkman et Sues, 1987；Benton, 1990；Sereno et Novas, 1992；Padian et May, 1993）。

自20世纪90年代以来，随着系统发育系统学在生物学领域统治地位的逐步确立，试图把分类学建立在这一原理基础上的种种尝试和努力迅速开展起来。de Queiroz和Gauthier（1990，1992，1994）首先系统地提出了系统发育分类学（phylogenetic taxonomy）的概念和方法。其要义是要使系统发育成为指导生物分类的中心准则（central tenet），真正起到主角的作用（central role）。他们提出，为体现这一理念，至少以下几点必须做到：①分类对象必须是单系的分支（clade）；②分支乃历史实体（historical entity），原则上不能用基于林奈分类体系的，依据不断变异的特征（traits）进行定义（definition），只有以共祖关系（common ancestry）才能足够准确地对其予以界定；③对分支的定义至少应该分成基于节点（node-based）、基于干支（stem-based）和基于近裔性状（apomorphy-based）三种形式；④基于林奈分类的绝对阶元体系（absolute ranks of categories）无法完整、正确地反映系统发育历史，亦应废除。到本世纪初，这一学派的观点逐步演变成为颇具程式化的《国际系统发育命名法规》[International Code of Phylogenetic Nomenclature]（简称 PhyloCode），并试图以此取代现行的各类生物命名法规。上述观点在生物学家中引发了激烈的争论。但是在爬行动物，特别是恐龙研究中，这一观点却颇受推崇。Sereno 从 20 世纪 90 年代后期开始发表了一系列文章，在基本肯定这一学派的论点的同时，也提出了若干修正意见，同时尝试应用于恐龙研究中。2005 年，Sereno 在网上公布了干支主龙类（Stem Archosauria）的系统发育定义的数据库（TaxonSearch）。PhyloCode 和 TaxonSearch 的出现对恐龙研究产生了很大的影响。例如，在近期发表的有关恐龙的文章中，在"Dinosauria"及其内部高阶元前冠以"目"级名称的现象已很罕见。

关于系统发育分类学的由来、现状及其基本原理在第一卷第一册"脊椎动物总论"中已有较详细的介绍。在此我们仅以"恐龙"为例，就系统发育定义的具体方法和应用作一说明，以期读者对这一新"规则"和传统的分类学说的异同有较具体的理解。

在 PhyloCode ver. 4c (Cantino et de Queiroz, 2010) 第 9 条中关于"建立分支名称的总要求"中规定，每一命名分支必须附一系统发育分类定义，以固定模式书写。书写模式包括两项：specifier 和 qualifier。specifier 最初被称为 reference point（参照点），或 reference taxon（参照单元），是必选项。在这里，按其使用的真实含义 [表述分界限的元素（包含分类单元和性状）] 我们将其译为"表界元"。qualifier 是系统发育分类定义的可选项，用以进一步修饰或限定已用表界元。我们将其译为"修饰元"。每个定义除有正常书写形式外，还有速写形式。

根据不同的拓扑形式（topology），系统发育分类定义有不同的形式。对于恐龙来说，最主要的有两种：基于节点（node-based）或称节点型定义，和基于干支（stem-based）或称干支型定义（图 1）。

节点型定义的基本表述是："the clade originating with the most recent common ancestor of A and B" (and C and D, etc., as needed) or "the least inclusive clade containing A and B (and C and D, etc.)"。译为中文是："产生自 A 和 B（需要时可加 C 和 D）最近共祖的一个分支"或"包含 A 和 B（需要时可加 C 和 D）的最小包容的一个分支"。这里 A-D 即为表界元。用速写方式则可简化为 "<A&B&C&D"（< 表示最小包容）。例如恐龙可被定义为"包含 *Megalosaurus bucklandii* Mantell, 1827 和 *Iguanodon bernissartensis* Boulenger in Beneden, 1881 的最小包容分支"（Dinosauria should be defined as the least inclusive clade containing *Megalosaurus bucklandii* Mantell, 1827 and *Iguanodon bernissartensis* Boulenger in Beneden, 1881）。简化式为：<*Megalosaurus bucklandii* Mantell, 1827 & *Iguanodon bernissartensis* Boulenger in Beneden, 1881。

干支型定义可以表述为："the clade consisting of A and all organisms or species that share a more recent common ancestor with A than with Z [or Y or X, etc., as needed]" or "the most inclusive clade containing A but not Z"。译为中文是："产生自 A 和与 A 具有更近共祖而与 Z 较远的所有其他种"或"包含 A 而非 Z（或 Y 或 X 等）的最大包容分支"。其中"than with Z"和"but not Z"都是修饰语句。用速写方式则可简化为："＞A~Z"。这里"＞"表示"the most inclusive"，而"~"表示"but not"。

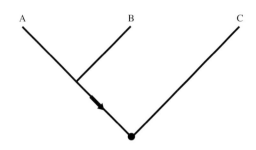

图 1　系统发育分类定义两种基本形式图示

●表示基于节点（node-based）的定义，即包含 A 和 C 的最小包容分支；→表示 A 和 B 的基于干支（stem-based）的定义，即包含 A 或 B 而非 C 的最大包容分支。A、B 和 C 为表界元

PhyloCode 的荐则 11F 中提到，如果要为研究者认为重要的姐妹群中的两个分支命名，最好是用干支型定义；即每个分支都用包含 A 而非 Z 的最大包容分支的写法。但是，如果要给这个姐妹群所构成的分支命名的话，要用包含上述两个参照元的基于节点的定义。以恐龙为例，如果我们认为（希望）蜥臀类和鸟臀类始终是姐妹群，那么蜥臀类就可以定义为："包含 *Megalosaurus bucklandii* Mantell, 1827 而非 *Iguanodon bernissartensis* Boulenger in Beneden, 1881 的最大包容分支"，而鸟臀类是："包含 *Iguanodon bernissartensis* Boulenger in Beneden, 1881 而非 *Megalosaurus bucklandii* Mantell, 1827 的最大包容分支"。同时，恐龙 Dinosauria 的定义则是包含这两个参照元的节点型定义的分支。

上述这样的组合也被称为一点 - 二支（或节点 - 干支）三联体（node-stem triplet）（Sereno, 1999），其最大的优越性是可以构成明确（unambiguity）和稳定（stability）的分支的定义。PhyloCode 在备注（Note）中也提及尽管分支本身不宜做表界元，但为了阐明表界元所在的系统发育位置，也可以将表界元所从属的分支名称引用在系统发育定义中。比如，如果我们不熟悉 *Megalosaurus bucklandii* 和 *Iguanodon bernissartensis* 这两个种名，可以将它们分别所属的蜥臀类和鸟臀类加入定义中，恐龙的定义便进一步可变为：包含蜥臀类（*Megalosaurus bucklandii* Mantell, 1827）和鸟臀类（*Iguanodon bernissartensis* Boulenger in Beneden, 1881）的最小包容分支（the least inclusive clade containing Saurischia [*Megalosaurus bucklandii* Mantell, 1827] and Ornithischia [*Iguanodon bernissartensis* Boulenger in Beneden, 1881]）。

尽管系统发育关系和相应的分支图会变，但基于上述一点 - 二支三联体所给出的三个定义是稳定不变的。比如早期恐龙中的黑瑞拉龙属（*Herrerasaurus*）的系统发育位置一直摇摆不定，曾被认为是蜥臀类＋鸟臀类的姐妹群、基干的蜥臀类或基干的兽脚类。认为黑瑞拉龙属（*Herrerasaurus*）是蜥臀类＋鸟臀类的姐妹群的学者就试图将其包括在恐龙中，也因此给出了相应的恐龙定义（Novas, 1992）。这种状况还会因为其他早期恐龙相关类群的发现和新的分支系统学研究的结论而持续产生。但如果我们遵循上述 PhyloCode 一点 - 二支三联体的命名法规，恐龙、蜥臀类和鸟臀类的定义是稳定不变的，尽管其各自包含的分类单元和特征组合会变。

关于选择什么作为表界元，已有很多推荐的建议（见 Sereno, 1999）。开始时一般多用最大包容的参照单元（maximmally inclusive reference taxon），例如鸟臀类（Ornithischia）或鸟类（Aves）等，后来逐渐认识到这会由于不同作者对这种大包容的分类单元的不同的认识而导致定义的不确定性，后来逐渐向使用深套分类单元（deeply nested reference taxon），亦即处于分支末端的单元的方向转变。最深套的分类单元则是种或载名正模，例如鸟类中的家麻雀（*Passer dometicus*）。在 PhyloCode 4c 的荐则中则提出要尽量采用传统的熟知的分类单元作为参照点。比如，恐龙最早是由欧文根据发现于英国的三个属（*Megalosaurus, Iguanodon, Hylaeosaurus*）而创建的，那么若要给出恐龙系统发育的新定义最好也要依据它们。

三、系统发育关系和分类

基于系统发育系统学的分类要求严格依据生物间的系统发育关系。现在普遍采用的是用分支系统学方法并借助计算机软件，在基于概率或简约性等法则基础之上，发现各类群间的关系。这些类群可以是一件恐龙标本，也可以是一种恐龙或更高级别的具有较明确特征的分类单元。它们之间的关系可以用分支图来表达。在此基础上就可以进一步对这些图上的单系类群给出有规可循的不同分类名称。

对恐龙的分类工作自 1842 年欧文根据三个属建立"恐龙"到现在从未停止。尽管最初一百余年间的分类工作是在分支系统学兴盛之前进行的，但其对恐龙各主要类群的确定及对这些类群间相互关系的主要结论，却也与近年来分支系统学研究的结果大体一致。许多我们熟悉的恐龙各主要类群的名称，如兽脚类、蜥脚类、剑龙类、甲龙类、鸭嘴龙类和角龙类等等也沿用至今，这就为我们带来极大的方便。以下就目前较公认的恐龙起源、恐龙各主要类群及其相互关系作一简单介绍。

恐龙起源（origin of dinosaurs）

恐龙的起源是目前恐龙研究中的热点之一。这是因为一方面若要深究某类恐龙的演化过程最终必然要涉及恐龙的起源问题，另一方面恐龙起源于二叠 - 三叠纪生物大灭绝之后不久，与许多现生重要门类的起源几乎同时，它们之间的演替奠定了现代陆地生态系统的基础。我国虽然是恐龙大国，但唯独欠缺的就是涉及恐龙起源的三叠纪的恐龙。因此，有必要在此对恐龙起源相关研究做一介绍。

恐龙属爬行动物中的主龙类（Archosauria）。主龙类起源于晚二叠世，也即地史上规模最大的一次生物灭绝事件之后不久。主龙类包括两大类：一类向现生鳄类方向发展，另一类向鸟类方向发展。向鸟类方向发展的一支又包括向翼龙和恐龙方向发展的两支。鸟类包括在向恐龙方向发展的一支中，这一支被称为恐龙型类（Dinosauromorpha）（Nesbitt, 2011）。最新研究表明最早的恐龙型类在约两亿五千万年前的早三叠世即已出现，是一些体型较小的四足行走的动物。至两亿四千万年前的中三叠世中期体型相对较大的两足行走的恐龙型类已经出现。这些两足行走的恐龙型类大多发现于南美，被归入到兔龙科（Lagerpetidae）中。玛拉鳄（*Marasuchus*）是与兔龙科共生的属，但它与恐龙的关系被认为要比兔龙科与恐龙的关系更近，因此也有人将玛拉鳄属与恐龙界定的类群称为恐龙形类（Dinosauriformes）（Sereno, 2005a）。以往认为兔龙科和玛拉鳄属已经非常接近恐龙，但最新发现却表明在它们与最早的恐龙之间还有一支西里龙科（Silesauridae），后者才是恐龙的姐妹群。西里龙科以发现于波兰晚三叠世地层的 *Silesaurus* 为代表，但最近在非洲中三叠世地层中也有发现。西里龙科是一类植食性动物，四肢虽然纤细但却仍为四足行走。这些真正恐龙之前的基干恐龙型类的大量发现及其跨越整个三叠纪的生存时限告诉我们恐龙型类在主龙类起源之初即已出现，它们向恐龙和鸟类方向的发展是一个漫长的过程。在这一过程中，曾经出现过若干分支类群，这些类群曾经和最早的恐龙共同生活于中、晚三叠世。

理论上讲，最早的恐龙应该出现在中三叠世或更早，因为它们的姐妹群在中三叠世地层中已有发现。但目前已知最早、也是最基干的恐龙化石发现于阿根廷约 2.28 亿年前晚三叠世卡尼期地层中。这里的 Ischigualasto 组已报道了七个恐龙属种，恐龙的三大类群（蜥臀类中的兽脚类和蜥脚型类，以及鸟臀类）在此都有代表（Reig, 1963；Casamiquela, 1967；Bonaparte, 1976；Novas, 1992；Sereno et Novas, 1992；Sereno et al., 1993；Martinez et Alcober, 2009；Alcober et Martinez, 2010；Ezcurra, 2010；Martinez et al., 2011）。*Pisanosaurus* 是这七个属中唯一的一个鸟臀类，而且材料保存不好。另六个蜥臀类中 *Herrerasaurus* 和 *Sanjuansaurus* 属于 Herrerasauridae 科，它们食肉，且体型较大，是整个蜥臀类中最早的一个分支（Alcober et Martinez, 2010），但也有人认为是兽脚类最早的一个分支（Martinez et al., 2011）；最新报道的 *Eodromaeus* 是基干兽脚类（Martinez et al., 2011）；其余三属（*Panphagia*, *Chromogisaurus* 和 *Eoraptor*）都是基干的蜥脚型类，其中 *Eoraptor* 长期被认为是基干蜥臀类或兽脚类，最新研究表明它应属于蜥脚型类（Martinez et al., 2011）。除阿根廷外，巴西的与 Ischigualasto 组时代相当的 Santa Maria 组也发现若干晚三叠世卡尼期的恐龙化石。因为这两处发现了世界上目前已知最早、最基干的恐龙化石，所以南美也被认为是恐龙的起源地。

恐龙（Dinosauria）

恐龙几乎从其在晚三叠世一开始出现时就分为蜥臀类(Saurischia)和鸟臀类(Ornithischia)两大类（图2）。关于鸟臀类的系统发育关系和分类见"系统记述"的开篇部分。这里仅就蜥臀类作一说明。

蜥臀类是包含巴克兰德巨齿龙（*Megalosaurus bucklandii* Mantell, 1827）而非贝尼萨尔禽龙（*Iguanodon bernissartensis* Boulenger in Beneden, 1881）的最大包容分支（图2）。它主要包括以黑瑞拉龙科（Herrerasauridae）为代表的基干蜥臀类、兽脚类（Theropoda）和蜥脚型类（Sauropodomorhpa）；包含后两者的最小包容分支又称为真蜥臀类（Eusaurischia）(Padian et al., 1999)。

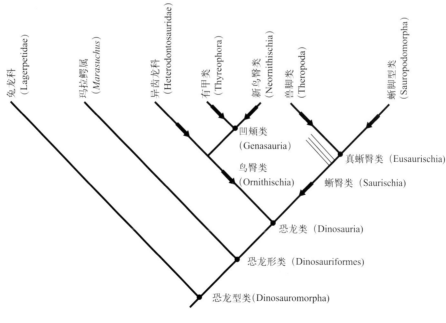

图2　恐龙定义及其近亲
→为干支型定义；●为节点型定义

基干蜥臀类（basal Saurischia）

对真蜥臀类之前的基干蜥臀类的系统发育关系争议较大（图2），而其中的焦点是以黑瑞拉龙（*Herrerasaurus*）为代表的黑瑞拉龙科和始盗龙（*Eoraptor*）的归属。黑瑞拉龙科目前已知包括三个属种，均发现在南美洲的晚三叠世地层中（Alcober et Martinez，2010）。黑瑞拉龙曾被认为是所有其他恐龙的姐妹群、基干的蜥臀类或基干的兽脚类。第一种观点已被否定，而在后两种观点中，我们认为作为基干的蜥臀类有更充分的证据，这也意味着黑瑞拉龙和兽脚类的许多特征是由趋同获得。这些趋同特征大多与捕食有关，表现在牙齿和前肢上的许多变化。仅靠这些特征将黑瑞拉龙归入兽脚类并不合理，因为小型的基干蜥臀类和基干蜥脚型类很可能都是杂食性的，而且前肢都因两足行走而得以解脱，有了灵活的抓取功能，它们与基干兽脚类在这些方面的差别远没有与它们后裔间那么明显。已经发现的为数不多的晚三叠世若干蜥臀类的摇摆不定的分类位置就是很好的证明，而这其中最明显的一个例子就是始盗龙（*Eoraptor*）的归属。尽管始盗龙保存有完好的头骨和颅后骨骼，最初的研究都将它置于兽脚类或基干蜥臀类中，然而最新研究却认为它是基干的蜥脚型类(Martinez et al.，2011)。黑瑞拉龙相对而言具有较大的体型，可达3–5 m长，很可能是蜥臀类演化过程中出现的第一个肉食性恐龙的分支。

兽脚类（Theropoda）

兽脚类的第一个分支是腔骨龙超科（Coelophysoidea），它包括以腔骨龙（*Coelophysis*）为代表的体型较小的一类恐龙（图3）。以双嵴龙（*Dilophosaurus*）为代表的中等大小的一类恐龙曾被归入腔骨龙超科，但最新研究认为它与鸟吻龙类（Averostra）的关系更近（图3）。鸟吻龙类在兽脚类分类中是个较新的名称，是包含角鼻龙类（Ceratosauria）和坚尾龙类（Tetanurae）的最小包容分支。角鼻龙类包括若干基干类群及阿贝力龙超科（Abelisauroidea）。坚尾龙类除若干基干类群外，第一个分支是棘龙超科(Spinosauroidea)，它又包括巨齿龙科(Megalosauridae)和棘龙科（Spinosauridae）两个科。坚尾龙类的第二个分支是跃龙超科（Allosauroidea），包括跃龙、中华盗龙及鲨齿龙科；但鲨齿龙科（Carcharodontosauridae）也可能与棘龙科关系较近（Xu et al.，2009）。坚尾龙类的第三个分支是虚骨龙类（Coelurosauria），也称空尾龙类，这是兽脚类中最主要的一支，是包含暴龙或鸟类而非跃龙、中华盗龙或鲨齿龙的最大包容分支。

虚骨龙类包括了人们熟悉的许多兽脚类，如暴龙、似鸟龙、窃蛋龙、伶盗龙和始祖鸟等。近年来伴随着大量新的化石材料的发现和对鸟类起源的研究，对虚骨龙类认识有了很大提高。不仅对其各亚类群内部的演化有了更全面的了解，对各亚类群间的系统发育关系也有了新的认识，同时对存在的问题的认识也更明确了。虚骨龙类内部的系统发育关系和分类详见本志第二卷第六册《蜥臀类恐龙》，在此不再详述。

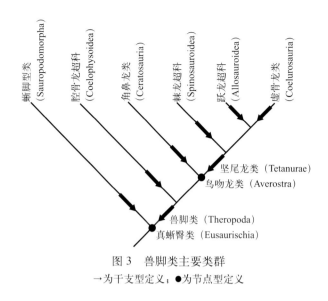

图 3　兽脚类主要类群

→为干支型定义；●为节点型定义

蜥脚型类（Sauropodomorpha）

蜥脚型类包括基干蜥脚型类和蜥脚类（Sauropoda）（图4）。以前习惯于将基干蜥脚型类统称原蜥脚类（Prosauropoda），并认为它是蜥脚类的姐妹群。但现在认为基干蜥脚型类不是单系类群，虽然其中某些属种可能构成若干小的单系。对这一拆散的"原蜥脚类"各属种间的相互关系存在很多争议，也直接导致对蜥脚类的定义有些混乱（Upchurch et al., 2007；Ezcurra, 2010；Yates, 2010）。这里，我们采纳Yates（2007）的观点，将蜥脚类定义为包含护甲萨尔塔龙（*Saltasaurus loricatus*）（属蜥脚类中的

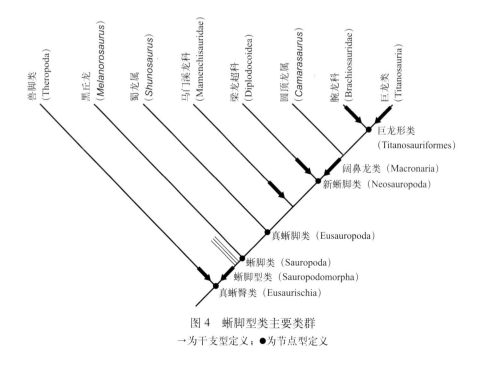

图 4　蜥脚型类主要类群

→为干支型定义；●为节点型定义

巨龙类）而非理德黑丘龙（*Melanorosaurus readi*）的最大包容分支。这样，我们熟悉的大多原蜥脚类如板龙（*Plateosaurus*）、禄丰龙和云南龙等依然属于基干蜥脚型类。

蜥脚类除若干基干类群外，其余大部可归入真蜥脚类（Eusauropoda）。真蜥脚类是包含李氏蜀龙（*Shunosaurus lii*）和护甲萨尔塔龙（*Saltasaurus loricatus*）的最小包容分支。基干真蜥脚类包括马门溪龙科和若干其他属种，而其余大部分则归入新蜥脚类（Neosauropoda）。新蜥脚类是包含硕长梁龙（*Diplodocus longus*）和护甲萨尔塔龙（*Saltasaurus loricatus*）的最小包容分支。向梁龙方向发展的一支称为梁龙超科（Diplodocoidea），而向萨尔塔龙方向发展的一支称为阔鼻龙类（Macronaria）。圆顶龙（*Camarasaurus*）是阔鼻龙类的一个基干类群，而绝大部分阔鼻龙类可归入巨龙形类（Titanosauriformes）。巨龙形类是包含高胸腕龙（*Brachiosaurus altithorax*）和护甲萨尔塔龙（*Saltasaurus loricatus*）的最小包容分支。向腕龙方向发展的一支称为腕龙科（Brachiosauridae），而向萨尔塔龙方向发展的一支称为巨龙类（Titanosauria）。

根据上述对蜥臀类恐龙的简述及本书对鸟臀类恐龙的记述，我们可以对恐龙作如下分类（黑体为节点型定义）：

蜥臀类

真蜥臀类

兽脚类

腔骨龙超科

鸟吻龙类

角鼻龙类

坚尾龙类

棘龙超科

跃龙超科

虚骨龙类

蜥脚型类

蜥脚类

真蜥脚类

新蜥脚类

梁龙超科

阔鼻龙类

鸟臀类

异齿龙科

凹颊类

有甲类

剑龙类

华阳龙科

剑龙科

甲龙类

结节龙科

甲龙科

新鸟臀类

鸟脚类

禽龙类

鸭嘴龙形类

鸭嘴龙科

边头类

肿头龙类

角龙类

鹦鹉嘴龙科

新角龙类

原角龙科

纤角龙科

角龙科

四、形态特征

（一）恐龙骨骼总体描述

现生动物中与恐龙最接近的是鸟类，对鸟类的解剖可以参考关于禽类的文献；其次是鳄类，对鳄类的骨骼系统有一本很好的中文图书——《扬子鳄大体解剖》可以参考（丛林玉等，1998）。然而，鸟类非常特化，骨骼结构高度适应飞行需要；鳄类相对恐龙又比较原始，还是典型的"爬行"动物，许多特征适应水生生活。同时，恐龙本身也是一个大家族，不同类群间的差异巨大，很难说有一个"典型"的恐龙骨骼结构模式。因此，要明白恐龙是什么，还需要对不同类群的恐龙都有所了解。

一具完整的恐龙骨骼可分为中轴骨骼（axial skeleton）和附肢骨骼（appendicular skeleton），中轴骨骼又可分为头部骨骼（head skeleton）和颅后（postcranial）骨骼（图5C）。在恐龙的骨骼描述时，把中轴骨骼平放，四肢垂直，摆放好位置，来确定描述的骨骼方位。这时每一块骨骼都有了前（anterior）和后（posterior）、背（dorsal）和腹（ventral）。前是向吻端（rostral），后是向尾端（caudal）。背和腹相当于上和下。如果通过中线将骨骼垂直划开，就有了内侧（medial）和外侧（lateral）的区别。头骨的描述中前、后、背和腹也分别对应于吻部、枕部、顶部和腭部。在四肢骨骼的描述中，还有一对对应的方位术语，近端（proximal）和远端（distal），近端是指肢骨靠近身躯中轴的一端，远端是指远离身躯的一端。我们用这几组对应的位置术语，结合骨骼的形态特征，可以对每块恐龙骨骼进行记述。对牙齿的记述还有不同的方位术语。

1. 头部骨骼（见图 5A、图 6）

在恐龙化石的鉴定中，头部骨骼是最关键的部位（图 5A、图 6）。广义的头部骨骼包括头骨（skull）、下颌（mandible）和舌器（舌骨）（hyoid apparatus）；齿系（dentition）也通常被单独列出。在化石中头骨和下颌经常是分离的；如和下颌连在一起，则称头骨带下颌。为描述方便，头骨可被分为三个区域：膜质头盖骨（dermal skull roof），脑颅（braincase），腭部 - 方骨组合（palatoquadrate complex）。膜质头盖骨又可进一步分为三个部分：第一部分包括前颌骨、上颌骨、轭骨和方轭骨，从发育上看它们都属于次生上颌弓；第二部分包括鼻骨、泪骨、眶后骨和眼睑骨，它们环外鼻孔和眼眶分布；第三部分包括前额骨、额骨、顶骨和鳞骨，其中额骨的后部和顶骨盖在脑颅的正上方，也可视作脑颅的一部分。脑颅结构比较复杂，自最前端一块前蝶骨后每侧主要有眶蝶骨、侧蝶骨、前耳骨、后耳骨和耳柱骨，后面是围绕枕骨大孔的上枕骨、基枕骨和一对外枕骨，而底部是愈合的基蝶骨和副蝶骨。其中上枕骨、基枕骨、外枕骨、基蝶骨和三对耳骨为软骨

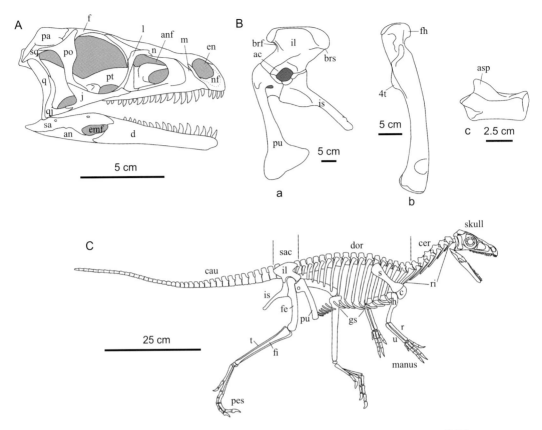

图 5 恐龙骨骼，以 *Eoraptor lunensis* 和 *Herrerasaurus ischigualastensis* 为例

A. *Eoraptor lunensis* 头骨带下颌；B. *Herrerasaurus ischigualastensis* 部分附肢骨骼：a. 腰带左侧视，b. 左股骨侧视，c. 左距骨后视；C. *Eoraptor lunensis* 骨架复原线条图；ac. 髋臼 acetabulum，an. 隅骨 angular，anf. 眶前孔 antorbital fenestra，asp. 距骨上升支 ascending process，brf. 短凹 brevis fossa，brs. 短隔板 brevis shelf，c. 乌喙骨 coracoid，cau. 尾椎 caudal vertebrae，cer. 颈椎 cervical vertebrae，d. 齿骨 dentary，dor. 背椎 dorsal vertebrae，emf. 外下颌孔 external mandibular fenestra，en. 外鼻孔 external naris，f. 额骨 frontal，fe. 股骨 femur，fh. 股骨头 femoral head，fi. 腓骨 fibula，gs. 腹膜肋 gastrolia，h. 肱骨 humerus，il. 髂骨 ilium，is. 坐骨 ischium，j. 轭骨 jugal，l. 泪骨 lacrimal，m. 上颌骨 maxilla，manus. 前足，n. 鼻骨 nasal，nf. 外鼻孔凹 narial fossa，pa. 顶骨 parietal，pes. 后足，po. 眶后骨 postorbital，pt. 翼骨 pterygoid，pu. 耻骨 pubis，q. 方骨 quadrate，qj. 方轭骨 quadratojugal，r. 桡骨 radius，ri. 肋骨 rib，s. 肩胛骨 scapula，sa. 上隅骨 surangular，sac. 荐椎 sacral vertebrae，skull. 头骨，sq. 鳞骨 squamosal，t. 胫骨 tibia，u. 尺骨 ulna，4t. fourth trochanter 第四转子

化骨。外枕骨和后耳骨通常愈合为耳枕骨(otoccipital)，其外侧部形成副枕骨突(paroccipital process)。腭部 - 方骨组合主要包括犁骨、腭骨、翼骨、外翼骨和方骨，其中只有方骨为软骨化骨。下颌包括左右两支，每支由齿骨、隅骨、上隅骨、夹板骨、冠状骨、前关节骨和关节骨构成，从发育上看它们都属下颌弓，其中只有关节骨为软骨化骨。

上述各骨在各类恐龙中基本都存在，而且相互间的相对空间关系也变化不大。但每块骨骼的形态和与相邻骨骼间的连接方式却又不尽相同，是鉴别各类恐龙的重要依据。在恐龙中还有两块很重要的非常具有鉴别意义的新的骨骼：一是关联在下颌两齿骨之前的一块前齿骨（predentary），它为鸟臀类所特有；另一块是嵌在两前颌骨之前的吻骨（rostral），它为鸟臀类中的角龙类所特有。

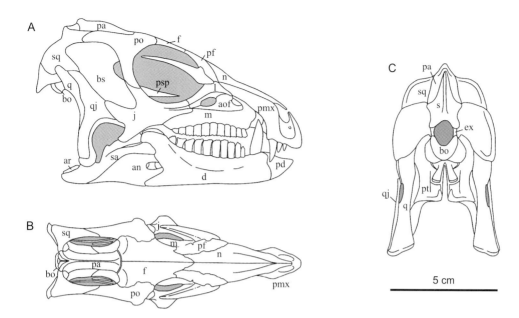

图 6　鸟臀类恐龙头骨带下颌，以 *Heterodontosaurus tucki* 为例

A. 右侧视，B. 背视，C. 后视；an. 隅骨 angular, aof. 眶前窝, antorbital fossa, ar. 关节骨 articular, bo. 基枕骨 basioccipital, bs. 基蝶骨 basisphenoid, d. 齿骨 dentary, ex. 外枕骨 exoccipital, f. 额骨 frontal, j. 轭骨 jugal, 1. 泪骨 lacrimal, m. 上颌骨 maxilla, n. 鼻骨 nasal, pa. 顶骨 parietal, pd. 前齿骨 predentary, pf. 额前骨 prefrontal, pmx. 前颌骨 premaxilla, po. 眶后骨 postorbital, psp. 副蝶骨 parasphenoid, pt. 翼骨 pterygoid, q. 方骨 quadrate, qj. 方轭骨 quadratojugal, s. 肩胛骨 scapula, sa. 上隅骨 surangular, sq. 鳞骨 squamosal

　　头骨和下颌通过下颌关节（mandibular articulation）相连。这一活动关节通常由方骨下端形成的下颌髁与关节骨和上隅骨形成的关节窝构成。除下颌关节外，头骨中各骨之间通常藉由不同形式的骨缝（suture）形成相对较为牢固的连接，但在有些类群中也产生了活动性的关节，如在鸟脚类中的侧动性（pleurokinetic）关节。在恐龙中舌器（舌骨）呈游离状态而不与其他各骨相连，眼睑骨与眼眶的连接也不牢固。

　　恐龙头骨上还有许多开孔，其中较大的有外鼻孔、眶前孔、眼眶、上颞孔（窗）、下颞孔（窗）和枕骨大孔等。下颌侧面有下颌外孔。

　　恐龙头部骨骼的外表面还经常发育形态各异的隆突、嵴、冠或角等装饰，推测它们可能是种间或种内的区别特征，或与性别有关，也可能具有防卫或争斗等其他功能，说明恐龙有了较为复杂的社会行为。蜥脚型类中头骨的装饰不发育，兽脚类中多以隆突或嵴等形式出现，而在鸟臀类的鸭嘴龙类中发育了形态各异的冠状头饰，鸟臀类的角龙类中形成了极度发育的角（horn）和帆形或盾状的顶饰（frill）等头饰。角龙类的角实际上是由两部分构成，内部是骨质角心，通常由鼻骨或眶后骨外延而成，外表则覆盖了由表皮而成的角质套；能够保存为化石的也只是骨质角心（horn-core）。

　　在野外经常可以发现零星的恐龙牙齿，这是因为恐龙牙齿是可以不断以新换旧终生生长的。恐龙有肉食性的，也有植食性的，与此相应它们的牙齿形态也有很大不同。肉食性兽脚类牙齿大多侧扁呈匕首状、后弯，而且有边缘锯齿，这非常适合刺穿和撕咬猎物。

但在兽脚类的许多类群中牙齿也次生变得不再适应肉食性，如在似鸟龙类、镰刀龙超科和窃蛋龙类等类群中牙齿形态和相应的摄食方式都发生了很大变化，有的种类牙齿完全退化。基干蜥脚型类的牙齿中边缘锯齿依然很发育，但较粗大稀疏，它们的齿冠不再后弯而且基部前后向扩展，使单颗牙齿呈长矛状，这种形态推测以植食性为主，或许也可以捕食昆虫等。蜥脚类中的牙齿有两大类：在梁龙超科和巨龙科中是棒状的，而在包括马门溪龙科和腕龙科等其他类群中是勺状的。齿冠顶端的磨蚀面在蜥脚类牙齿中普遍存在。

　　鸟臀类的牙齿发生了很大变化。这尤其体现在鸭嘴龙类和角龙类中。基干鸟臀类中的牙齿呈叶状，在上颌齿的唇侧面和下颌齿的舌侧面发育了由边缘锯齿向下延伸的若干纵嵴。在基干鸟脚类向鸭嘴龙类的演化过程中，齿冠渐高，磨蚀面渐大，牙齿间排列渐密，逐步形成了鸭嘴龙类中的齿组（dental battery）。结合可以沿其长轴转动的上颌骨和面部肉颊（flesh cheek）的存在，推测鸭嘴龙类有着类似现生大型植食性哺乳动物一样高效的摄食方式。齿组在角龙类中也同样存在，但角龙类中齿组形成的磨蚀面是垂直方向的，不像鸭嘴龙类中那样倾斜，而且角龙类头骨各骨间相互连接牢固，这说明角龙类的齿组很可能是用来切割植物，而不像鸭嘴龙的那样用来碾磨食物。

2. 颅后中轴骨骼（见图 5C）

　　颅后中轴骨骼或躯尾部骨骼包括脊柱（vertebral column）、肋骨（rib）、人字骨（chevron）、胸骨（sternum）和腹膜肋（gastralia）；而脊柱又可再分为颈椎（cervical vertebrae）、背椎（dorsal vertebrae）、荐椎（sacral vertebrae）和尾椎（caudal vertebrae）。每个脊椎由椎体（centrum）、椎弓（neural arch）和着生其上的若干骨突形成。这些骨突主要包括一个神经棘（neural spine）和成对的前关节突（prezygapophysis）、后关节突（postzygapophysis）、横突（diapophysis）和副突（parapophysis）。在有的类群中还发育了上关节突（epipophysis）、椎体下突（hypapophysis）和连接两个脊椎前后关节突间的附属关节（hyposphene-hypantrum articulation）等。

　　在蜥臀类，尤其是蜥脚类中，连接各骨突间的板柱状（laminar strut）构造十分发育，也随之伴随着各种形态不同、大小各异的凹陷和坑窝构造的发育，而且有的凹窝通向脊椎内部形成非常发育的气腔构造（pneumaticity）。这些骨质气腔构造在现生脊椎动物中仅发现于鸟类，因此推测它们或许与鸟类一样也发育气囊。在鸟臀类和恐龙的姐妹群中还未发现气腔构造，但在亲缘关系稍远些的翼龙中却有发现。

　　在恐龙的近亲，如基干主龙类中通常有 9 个颈椎、15 个背椎、2 个荐椎和大约 50 个尾椎。这一模式在各类恐龙中发生了很大变化。比如在蜥脚类中颈椎数目普遍增多，在马门溪龙中可达 19 个，而在甲龙类则减至 7–8 个。恐龙的荐椎数目变化也很大，从黑瑞拉龙的 2 个到某些鸭嘴龙类中的 12 个。尾椎的数目有普遍减少的趋势，尤其是在向鸟类方向发展的手盗龙类中。在有的蜥脚类和甲龙类中尾椎的末端形成尾锤，在剑龙类则有尾刺。

颅后中轴骨骼在各类恐龙中不尽相同，使它们成为鉴别恐龙的重要依据。有时根据几个脊椎就可确定其所属的恐龙大类。比如角龙类的前几个颈椎往往愈合在一起，剑龙类的背椎椎弓特别的高，而兽脚类中后部尾椎往往有伸长的前关节突。

3. 附肢骨骼（见图 5C）

附肢骨骼包括肩带（pectoral girdle）、前肢（forelimb）、腰带（pelvic girdle）和后肢（hind limb）等部位的骨骼。

肩带与前肢

肩带骨包括肩胛骨（scapula）、乌喙骨（coracoid）和锁骨（clavicle）；有时胸骨也被视为肩带骨的一部分。恐龙的肩胛骨较细长，它的近端扩展，与乌喙骨相连并形成肩臼。乌喙骨通常呈亚圆形或近方形，但在向鸟类方向发展的那支兽脚类中乌喙骨渐趋细长。肩胛骨和乌喙骨在成年个体中通常愈合。锁骨在恐龙中发现的并不多，在坚尾类兽脚类中的叉骨（furcula）被认为是由锁骨愈合而成。大型的蜥脚类恐龙是四足行走，它们的肩带骨也相对横向扩展，较为粗壮，其表面也多有棱嵴发育；蜥脚类肩胛骨的远端也略为扩展。

前肢骨包括肱骨（humerus）、桡骨（radius）、尺骨（ulna）和手部（或前足）骨骼。手部骨骼又包括腕骨（carpals）、掌骨（metacarpals）和指节骨（manual phalanges）。最早的恐龙是两足行走的，它们前肢相对纤细，约为后肢长度的一半，手部骨骼也较为短小。在恐龙的演化过程中，有的类群成为四足行走的，这包括了所有的蜥脚类和部分鸟臀类。从两足行到四足行必然引起前肢骨的许多变化。蜥脚类的前肢骨也经常被比喻为像现生哺乳动物大象者，它们都有着柱状的前肢骨。蜥脚类的五根掌骨也垂直排列并依次围成半圆形，各指指节骨数减少，是蹄行性的（unguligrade）。在兽脚类恐龙中前肢则显示了两个不同的发展趋势，一是缩短并简化，二是加长。前者可以霸王龙为例，它只有两个手指，而且前肢短到远不能触及口部；后者发生在向鸟类方向发展的手盗龙类中。

腰带与后肢

腰带骨包括成对的髂骨（或肠骨）（ilium）、耻骨（pubis）和坐骨（ischium）。在身体的每侧这三块骨骼围成髋臼（acetabulum）与股骨关节，在恐龙中髋臼是开孔的。耻骨的延伸方向是最初将恐龙划分为蜥臀类和鸟臀类的最主要依据。在蜥臀类中，耻骨指向前下方，与现生蜥蜴类中相似；而在鸟臀类中，耻骨（或耻骨干）与坐骨平行并指向后下方，同时耻骨发育一前耻骨（prepubis）指向前方，与现生鸟类相似。这里需要注意的是，鸟类属于蜥臀类，而不是鸟臀类。但耻骨的延伸方向在两大类恐龙中也不是绝对的，比如在兽脚类中的一些类群（如镰刀龙超科和驰龙科）中，耻骨向后下方或下方延伸。

后肢骨包括股骨（femur）、胫骨（tibia）、腓骨（fibula）和后足骨骼。后足骨骼又包括跗骨（tarsals）、蹠骨（metatarsals）和趾节骨（pedal phalanges）。恐龙的股骨头很发育而且指向内侧，与股骨的其他部分间通常有一明显的股骨颈相连。股骨的特征说明它是可以近于垂直放置而前后向移动的。恐龙跗骨中的距骨（astragalus）非常发育，远大于相邻的跟骨（calcaneum），而且距骨也通常有一上突以加强与胫骨的连接。趾节骨在恐龙各类群中不尽相同，如兽脚类恐爪龙中异常发育的第二趾的镰刀状爪骨，蜥脚类中第一——三趾较大的爪骨，以及较大型鸟臀类通常具有的蹄形爪骨。

（二）恐龙及其主要类群骨骼鉴别特征

恐龙包括蜥臀类和鸟臀类。这两大类内部各亚类群在中国基本都有代表。有关它们的特征、分布和时代等在对各亚类群的记述开始部分都有交待，在此不再重复。这里仅就恐龙最主要的几个大的分支类群做一简述，以期从最开始就能把握它们的基本形态特征、相互间的主要差异和隐含的演化趋势。这几大分支类群在晚三叠世均已出现，而且在随后的演化过程中分布于全球各主要区域。

首先要明确的一个问题是到底有哪些特征使恐龙区别于其他类群，尤其是它的近亲基干恐龙型类？也即恐龙有哪些共有裔征呢？ 2010年发表了两篇优秀的关于恐龙起源和早期演化的综述性文章（Brusatte et al., 2010；Langer et al., 2010），这里我们据此对恐龙的共有裔征做一简述。当然，这些特征主要是对早期基干恐龙而言。需要特别指出的是同塑现象在演化中普遍存在，恐龙的这些特征虽然在其近亲中不存在，但却会在其他类群中，比如在向鳄鱼方向发展的其他主龙类中出现；同时，随着新材料的不断发现和研究的进一步深入，这些特征的分布肯定还会变，有的特征或许会被发现更广泛地存在于恐龙的近亲之中。无论如何，它们会让我们了解恐龙起源之时骨骼结构中都发生了哪些主要变化，进而推测其可能的形态功能意义，以便深入了解为何恐龙会在随后的发展中统治了陆地和天空。

恐龙具有如下鉴别特征（图5、图6）：①在额骨的后背面上，也即上颞孔的前方有一凹陷，很可能是上颞部肌肉的新的附着区，这样可以增加肌纤维的长度加强收缩下颌的力量。②没有后额骨。③轭骨后支末端分叉，以便于与方轭骨的前突有更牢固的连接；而在其他主龙类中，不分叉的轭骨后突要么在方轭骨前突之上，要么在其之下，相互间连接不很牢固。④后颞孔小。⑤颈椎后关节突背面之上有一新的小突起，也即上关节突。这一上关节突的大小、形状和延伸方向在不同恐龙亚类中都有所变化。在蜥臀类中，上关节突几乎存在于所有的颈椎；但在鸟臀类中，只发现在前部颈椎中。上关节突很可能是肌肉和韧带的附着处，它的出现说明恐龙的颈部或许有了更灵活的运动方式。⑥不少于两个荐椎。在恐龙的近亲 *Marasuchus* 和 Lagerperidae 中只有两个荐椎，*Silesaurus* 中有三个荐椎。在恐龙中，蜥脚型类中至少有三个荐椎，大部分兽脚类中不少于五个，基干的鸟臀类如异齿龙中有六个；然而在基干蜥臀类 *Herrerasaurus* 中却只有两个荐椎。⑦肩胛骨较长，其延长的肩胛骨板可达远端宽度的三倍以上。⑧三角肌嵴（deltopectoral crest）较长，可以达到肱骨长的 30%–40%，也有人认为可以更长（35%–44%）。⑨第四、五指退化（关于兽脚类中各指的鉴定，见 Xu et al.，2009 文章讨论）。⑩开放的髋臼。髋臼是腰带和股骨关节之处。大部分爬行动物的髋臼是封闭的，其内侧有一薄壁。⑪髂骨髋臼后突的侧面或者腹面往往有一短凹（brevis fossa）供尾股短肌附着；相应地在髂骨的内侧有一隆起，成为短隔板（brevis shelf）。⑫股骨头内弯，并且与股骨干明显分离。⑬第四转子呈嵴状，而且这一嵴状突的远端扩大并指向内侧。⑭距骨与腓骨的关节面不超过距骨与胫腓骨关节面总面积的 30%。⑮距骨的上升支（ascending process）较发育，有较宽的基底。⑯距骨的内前角较尖锐。

还有一个特征可能为恐龙特有，即所谓的"原始羽毛"（protofeather）（翼龙中也存在）。在孔子天宇龙发现之前，"原始羽毛"只在兽脚类恐龙中发现。天宇龙属于鸟臀类中的异齿龙科。这一科现在被认为很可能是鸟臀类中最早的一个分支，而且在晚三叠世地层中已有化石记录。因此，天宇龙的发现说明"原始羽毛"很可能存在于鸟臀类和蜥臀类的共同祖先，也即最早的恐龙中。天宇龙的"原始羽毛"是单根中空且较细长的，而中华龙鸟等兽脚类中保存的"原始羽毛"要短而密，这也说明天宇龙的结构要更原始些。事实上，恐龙型类的姐妹群翼龙类中也有类似"原始羽毛"的结构的发现。因此，问题恐怕不是"原始羽毛"是不是存在于最早的恐龙中，而是"原始羽毛"是否是恐龙型类和翼龙的共有裔征？显然，这一问题又直接联系到这些"原始羽毛"的功能，从而对理解恐龙的生物学特征和演化具有非常重要的意义。

蜥臀类恐龙具有如下鉴别特征：①外鼻孔的前下方有一凹陷区，也即外鼻孔凹（narial fossa）。②泪骨的前侧缘前折，从外侧看遮蔽了眶前孔的后部或背后部。③枢椎椎间体与寰椎的关节面两侧上翘中间内凹。④前部颈椎（3–5）椎体长度要比枢椎椎体长 25% 或更多。⑤后部颈椎（6–9）中发育上关节突，通常呈嵴状或向后延伸超出后关节突。⑥背椎前后关节突间存在新的附属关节。⑦1–3 指的平均长度为肱骨和桡骨长度之和的 30%–40%。⑧第五远列腕骨消失。⑨第一指第一指节骨是各非爪指节骨中最长的，而且这一指节向内侧扭转，使其近端和远端关节面间不再相互平行而是形成一夹角。⑩第五指消失，但在较进步的"原蜥脚类"中仍有发现。⑪坐骨板状的内腹突仅限于近端三分之一，而远端呈棒状。

真蜥臀类具有如下鉴别特征：①前颌骨的后腹突不超出或紧邻外鼻孔的后缘，与此相应前颌骨和鼻骨的连接消失或很短，而上颌骨和外鼻孔直接相连或非常接近。②鼻骨参与眶前凹背缘的构成，并有一钩状的向后腹方伸出的小突起包裹了泪骨的前突。③泪骨的腹侧支长，几乎构成了眶前孔的整个后缘，达到眶前孔处头骨高度的75%；而且这一腹侧支近乎垂直向。④后部颈椎的长度要大于前部背椎的。⑤最内侧远列腕骨明显大于其他远列腕骨。⑥第一掌骨远端外髁向远端扩展，其中部宽度大于其长度的35%，其长度不超过第一爪骨。⑦第二掌骨不短于第三掌骨。⑧坐骨远端略膨大。

兽脚类具有如下鉴别特征：①上颌骨前部有一上颌前孔（promaxillary foramen）。②鳞骨腹侧支较短，只构成下颞孔后缘的约三分之一长度。③齿冠后弯且基部没有扩展，呈刀片状。④枢椎椎体要比枢椎椎体宽。⑤颈椎和前部背椎气腔构造（pneumatization）发育。⑥肱骨长度不到股骨长度的60%。⑦第一——三指的平均长度超过肱骨和桡骨长度之和的40%。⑧第一——三掌骨的伸肌凹深且不对称。⑨第四掌骨体宽度明显小于第一——三掌骨的。⑩第四和第五指退化或消失。⑪髂骨髋臼上嵴（supracetabular crest）和髋臼前翼（preacetabular ala）发育。⑫胫骨的胫嵴和腓骨嵴发育。⑬跟骨横向收缩。⑭后足外侧趾减少。

蜥脚型类具有如下鉴别特征：①头骨相对较短。②鳞骨的腹侧支长而窄。③吻端四分之一齿列牙齿的齿冠较高。④齿冠长矛状、较直没有后弯，而且其基部前后向扩展。⑤肱骨远端较宽。⑥后肢相对较短。进一步向蜥脚类方向发展的蜥脚型类身躯变得越来越庞大，四足行走，背椎椎体短而高，荐椎数目增多，第一指较长并有较直的爪骨，非末端各指节骨较宽，股骨较直、横截面呈椭圆形并且其上小转子和第四转子向远端位移。

鸟臀类自出现之始，便与蜥臀类有很大不同。如果说蜥臀类是更多地继承了恐龙祖先的特征的话，那么鸟臀类在其头骨前部、牙齿和腰带等方面却发生了许多重要变化，反映了鸟臀类恐龙在摄食和运动方式等方面的不同。鸟臀类的特征详见"鸟臀类""形态特征"一节。

五、恐龙的演化和灭绝

将恐龙的系统发育关系结合它们在地史中的时空分布状况以及形态学等方面的信息，就可以探讨恐龙的起源、演化和灭绝等问题。首先我们可以关注恐龙各大类群在中生代不同时期的组合面貌及其演替过程，进而可以探讨这一过程背后的原因。对后者的研究需要综合恐龙自身的生物学特性、其所在的生物群的面貌以及整个地球系统的变化。这是一个非常诱人，但也是难以回答的问题。然而还有一个或许是更难回答的问题我们也必须清楚意识到，那就是我们探讨这些问题所基于的原始资料，也即已知恐龙化石的属种标本只是活体恐龙残留下来的一部分，它们能在多大程度上代表曾经生活过的恐龙，从而能真实地反映恐龙的演化历程呢？对这方面的研究不是很多，但为数不多的研究也都涉及这样一个问题：已知恐龙化石的属种数和其赋存的岩层之间的关系如何？更具体点说就是恐龙的属的数量是否与产恐龙的岩石地层单位组的数量相关呢？如果两者密切相关，那么我们所了解的恐龙将在很大程度上取决于地层出露和埋藏状况等地学方面的因素，而不代表恐龙的真实存在情况。

Barrett 等（2009b）分别统计分析了已知恐龙三大类群（兽脚类、蜥脚类和鸟臀类）属的分布状况与产这些恐龙化石地层组的关系。他们发现兽脚类和鸟臀类属的分布状况与产恐龙化石地层组的状况相关性较高，而在蜥脚类中两者的相关性较弱。这说明，已知蜥脚类的化石记录或许更接近真实面貌。另一项研究推测全球可被发现的恐龙属共有约1850个，而这有可能相当于所有生存过的恐龙属的数量的一半，其余一半因各种因素将永远不会被发现（Wang et Dodson, 2006）。现在我们推测已经发现了约40%可被发现的恐龙；按照近几年的速度，不出50年1850个属的另一半将被发现。这项研究也同时指出，正像我们研究现在地球生物多样性那样不可能观察全部的物种，通过对局部地区的研究而推测的结论是有可能较好地代表全体的真实状况一样，根据现有资料推测的恐龙的多样性也能较好地反映恐龙的真实状况。该研究还发现，真实的恐龙多样性与产恐龙化石岩石相关性并不高；我们现在之所以发现两者较高的相关性是因为我们还相对处于一个受地质、历史和社会等因素影响较大的发现期；当我们达到某一临界点之后会发现恐龙的多样性与产恐龙化石岩石的相关性会越来越小。这也与我们的经验和认识相符，往往一个研究程度较高的地层单位，如北美的Morrison组和中国的义县组，会较真实地反映当时恐龙动物群的面貌。总之，虽然我们现在只有有限的化石资料，但还是有信心据此开展更广泛深入的探究。

（一）演　　化

晚三叠世卡尼期恐龙的最大特点就是已经包括了恐龙两大类群的基干分子，而这其中蜥臀类占据了绝对多数，鸟臀类只有一个属种被发现。这一恐龙组合的另一特点是个体都较小，只有黑瑞拉龙科的成员可以达到4 m左右长度。在卡尼期和更晚的诺利期之间发生了一次有可能是全球性的灭绝事件，其结果是兽孔类中的二齿兽类（dicynodonts）和基干主龙型类中的喙头类一支（rhynchosaurs）灭绝了。另外，主龙类中向鳄类方向演化的一支中除鳄型类外其他所有分支也都在三叠纪末灭绝了。取而代之的是诺利期开始繁盛的若干中到大型的基干蜥脚型类，也即所谓的"原蜥脚类"。而诺利期和三叠纪最晚的瑞替期的兽脚类以小型的腔骨龙类为主。

三叠纪和侏罗纪之交陆地生物又发生了一次大变革。如前所述，这时向鳄类方向发展的主龙类除向现生鳄类方向发展的那支外都灭绝了。恐龙中中等大小的兽脚类，如5–6 m长的双嵴龙已经出现。"原蜥脚类"继续发展。鸟臀类中的基干有甲类也日趋繁盛，可达4 m长。从早侏罗世开始，恐龙才称得上是陆地生物的霸主，占据了统治地位。对于恐龙从晚三叠世之初到早侏罗世的这一巨变的原因多有争论。早期的观点倾向于认为恐龙自身有许多优势，主要是可以两足直立行走。这样，在与其他类群的竞争中主要是依靠其自身的优势逐步取而代之。最近的观点则更多强调这一变化的偶然性，因为根据现有化石资料看，晚三叠世向鳄鱼方向发展的主龙类的分异和演化程度要远胜于恐龙，其中也不乏两足行走的具有类似恐龙中兽脚类的形态发生，如北美晚三叠世的 *Postosuchus*（Chatterjee, 1985）。同时，晚三叠世到早侏罗世不同时期动物群组合面貌也显示突变的发生。因此较合理的解释是恐龙利用了灭绝后的空档而趁机获取了成功。当然这两方面的因素都会有，离开了恐龙自身的生物学特征恐怕再好的环境也不会属于它们。但我们最终还是面对一个问题：假如环境不变，恐龙自身的这些所谓"优越"特征是否一开始就注定了它的后裔会统治地球达上亿年之久呢？

早侏罗世的恐龙虽以较大型的基干蜥脚型类、兽脚类中的腔骨龙超科和鸟臀类中的基干有甲类为主，但恐龙中各主要亚类群，如兽脚类中的角鼻龙类、棘龙超科、跃龙超科、虚骨龙类甚至手盗龙类，蜥脚型类中的蜥脚类和鸟臀类中的新鸟臀类，也都同时起源于早侏罗世或更早。这一结论主要是根据一些零星的各门类化石在早侏罗世的存在和据此推测的其姐妹群的起源时间而来。如果一个类群的姐妹群的最早化石记录出现在早侏罗世，那么这对姐妹群的分歧时间肯定不会晚于早侏罗世，所以尽管这一类群的目前已知最早化石记录仅在中侏罗世或更晚，我们也可以推测它应该起源于早侏罗世或更早。这里一个很好的例子是云南禄丰报道的早侏罗世属于兽脚类 - 虚骨龙类 - 手盗龙类 - 镰刀龙超科的峨山龙。在此之前镰刀龙超科的最早化石记录是早白垩世，那么峨山龙的发现不仅将镰刀龙超科的起源推至早侏罗世，也表明它的近亲（如窃蛋龙类）和其所属的虚骨龙类肯定起源于早侏罗世或更早，同时意味着鸟类所在的副鸟类也已在同时起源。也正因如此，对峨山龙是否为镰刀龙类多有怀疑。尽管它只有一段下颌，经过详细对比研究，Barrett（2009）再次确认了它是镰刀龙类；不过 Barrett 却怀疑这一化石的产出层位。或许最好的证据就是新的化石的发现。以前我们讨论鸟类的起源集中在早白垩世的热河群，随着在中晚侏罗世之交新的化石材料的发现，现在已没人怀疑副鸟类起源于中侏罗世甚或更早。

中侏罗世的恐龙化石记录很少，对中侏罗世恐龙的了解相当程度上是根据对我国四川自贡大山铺恐龙化石遗址研究而来。这时早侏罗世繁盛的基干蜥脚型类和腔骨龙类已灭绝，代之而起的是大量基干真蜥脚类，如峨眉龙，可长达近 20 m；基干剑龙类，如华阳龙；以及兽脚类中的基干坚尾类。这一趋势一直延续至晚侏罗世。这时，蜥脚类更加分化，出现了新蜥脚类中梁龙超科和基干阔鼻龙类的众多成员；兽脚类则以基干角鼻龙类和跃龙超科为主；鸟臀类中除众多剑龙外，小到中型的鸟脚类和小型基干角龙类初露端倪。若以时间跨度来衡量，中晚侏罗世占据了约三千万年，而早侏罗世和晚三叠世各有两千五百万年和三千万年左右；因此，恐龙的最初九千万年的历史可以简单归纳为：晚三叠世的起源、早侏罗世的爆发和中晚侏罗世的繁盛。

白垩纪八千万年中地球陆地生态系统发生了巨大变化，也有人称之为"白垩纪陆地大变革"（Cretaceous Terrestrial Revolution）（Lloyd et al., 2008）。其中最醒目的是被子植物的起源和繁盛以及相伴的昆虫类的巨变。在脊椎动物中，蜥蜴类、蛇类、鳄类、今鸟类和有胎盘类都经历了大规模的辐射发展。恐龙也不例外。具有较复杂摄食方式的鸭嘴龙形类和角龙类取代蜥脚类成为植食性动物的主宰，甲龙类取代了剑龙类，而兽脚类中的暴龙类和鲨齿龙类成为最终的捕食者。或许一个有趣的现象是兽脚类中的虚骨龙类一方面演化出了许多大型的植食性的类群，如大多数似鸟龙类和镰刀龙类，另一方面也产生了许多非常特化和小型化的类群，如具有非常发育的一指的阿尔瓦兹龙和四翼飞翔的驰龙，当然最主要的还是今鸟类的起源和发展。白垩纪的恐龙在冈瓦纳大陆（南方大陆）显示了一定的区域性。这里蜥脚类依旧繁盛，但却是被另一支巨龙类蜥脚类所主宰，兽脚类中也有地域性很强的角鼻龙类中的阿贝力龙超科成员。

（二）灭　　绝

恐龙在 K/Pg（Cretaceous/Paleogene；白垩纪/古近纪）界线的灭绝现象是个普遍接受的事实，也是恐龙研究中的热点之一。但在讨论 K/Pg 灭绝事件时往往有个误区，许多人将它或多或少地等同于恐龙的灭绝。事实上，恐龙只是这一灭绝事件的一小部分，当时陆地生物的大部分都灭绝了。同时我们也要明确，恐龙作为一个大类群其内部各支系和属种都有各自的发生、发展和消亡的过程，这也是生物演化的最普遍规律之一；在 K/Pg 界线之前许多恐龙都正趋于灭绝或已经灭绝了。对恐龙在 K/Pg 界线之前几百万年或几十万年内发生的变化也多有研究。有的认为那时的恐龙还在继续演化、发展，没有显示逐步衰落的迹象；也有人持相反观点（Lloyd，2011）。但无论哪种说法都承认在紧邻 K/Pg 界线之前还有众多恐龙的存在。

我们现在所说的 K/Pg 灭绝事件是指一个相对很大的生物集群灭绝现象，这种现象在地史上也曾发生过多次。导致这些大的灭绝现象的原因也通常归咎于生物自身以外的因素。现在普遍接受的一个解释 K/Pg 灭绝事件的假说是小行星撞击地球说。这一假说有很多证据，比如说 100 多个铱异常现象在全球不同地点的界线层的发现和那颗小行星撞击地球的位置的确定（墨西哥尤卡坦半岛 Chicxulub 陨石坑）。据推算这颗小行星的直径有 10–15 km 长，撞击后留下的陨石坑的直径有 180 km 宽。这一巨大撞击事件的影响是瞬间的和全球性的，结果是包括恐龙在内的大部分陆地生物都灭绝了，海生生物也同样受到很大影响，而我们的祖先和我们现在所看到的各类生物的祖先都幸免于此。或许因为这一事件过程非常之短，保存在地层中的相关信息也相对较少，对随之而来的地球系统尤其是生物界的变化细节并没有一个统一的认识。一种解释是在随后的数月或数年中，撞击所形成的尘埃遮蔽了太阳辐射，导致依靠太阳能量的地球生物圈中大量初级生产者的灭亡，随之而来的是那些体型相对较大并且新陈代谢功能相对较强的植食性动物，它们对食物的要求比体型较小和新陈代谢功能较低的类群更高；肉食性动物或许可以暂时依食大量死亡的其他类群，但也不会长久。支持这一解释的一个很好证据是研究发现当时生活在河湖环境内的许多类群，如鱼类、两栖类、龟鳖类和鳄类等，都没有灭绝；或许它们可以暂时以富含腐质营养的河湖环境为生。

小行星撞击地球说是目前广为接受的解释 K/Pg 灭绝事件的假说，但它本身并不否认其他并行的因素来解释这一事件。K/Pg 界线之前不久发生的印度德干高原玄武岩（火山喷发）的大面积溢出及其对全球气候的影响或许暗示撞击事件之前生物界正经历着许多变化。

六、中国恐龙研究历史

中国恐龙研究大致经历了四个阶段：萌芽时期（1902–1928）、奠基时期（1929–1949）、独立发展时期（1949–1978）和开放发展时期（1978 年至今）。

（一）萌芽时期（1902 – 1928）

1929 年之前的二十余年是中国恐龙研究的萌芽阶段。期间先后在四省区六个地点发现、发掘过恐龙化石。其中四处是由国外学者组织进行的，而山东两处由我国地质调查所组织中外学者共同进行。

1902 年俄国人在今黑龙江嘉荫县收集到几块化石骨骼，开始被认为是西伯利亚猛犸象的骨骼化石。根据这一线索 1914 年俄国地质委员会人员在今黑龙江嘉荫县境内发现恐龙，并于 1916–1917 年进行了发掘。A. N. Riabinin 于 1925 年对这批材料进行了初步报道，并建鸭嘴龙类恐龙一新种——黑龙江崎齿龙（*Trachodon amurense*），1930 年又改建此种为一新属——黑龙江满洲龙（*Mandschurosaurus amurensis*）。

1913 年，德国神父 R. Mertens 在山东蒙阴发现恐龙化石，部分标本于 1916 年经德国采矿工程师 W. Behagel 交给中国地质调查所的丁文江。1922 年，地质调查所的谭锡畴与安特生根据此线索到蒙阴考查并发现恐龙。1923 年，协助安特生在华开展野外工作的师丹斯基和谭锡畴再次到山东蒙阴和莱阳考察并将发掘到的恐龙化石运往瑞典乌普萨拉大学，这也即是 Wiman 1929 年命名中国最早两属恐龙——盘足龙（*Euhelopus*）和谭氏龙（*Tanius*）的标本来源。

1915 年，在四川荣县考察石油的美国地质学家 G. D. Louderback 发现恐龙化石，后交于美国古生物学家 C. L. Camp 研究，并于 1935 年报道。由于材料破碎，Camp 仅报道发现了大型肉食类恐龙，其与北美晚侏罗世跃龙（*Allosaurus*）的关系要比与晚白垩世霸王龙（*Tyrannosaurus*）的关系为近。1936 年杨钟健与 Camp 到荣县进行了发掘，采集的标本由杨钟健于 1939 年研究发表，命名了大型蜥脚类恐龙一新属种——荣县峨嵋龙

(*Omeisaurus junghsiensis*)。

1922 年，美国第三中亚考察团在今内蒙古二连浩特发现恐龙，并根据恐龙的发现确定了白垩纪地层的存在。1923 年又在此发现了恐龙蛋碎片。不过其恐龙的属性直到此后在蒙古的牙道赫塔（Djadokhta）发现了完整的恐龙蛋化石后才得到确认。1928 年，美国第三中亚考察团在内蒙古中北部发现早白垩世恐龙化石。这批材料后交由美国古生物学家 C. W. Gilmore 研究，并于 1933 年发表。

（二）奠基时期（1929 – 1949）

1929 年标志了中国恐龙研究的开始。中国最早的两属恐龙（盘足龙和谭氏龙）在这一年由 C. Wiman 在《中国古生物志》上发表，中国第一篇关于恐龙足迹的文章也在这一年由德日进（P. Teilhard de Chardin）和杨钟健合作发表。而且这两篇文章涉及的人和事都与地质调查所和杨钟健有关。1929 年 4 月，中国地质调查所下属的"新生代研究室"（中国科学院古脊椎动物与古人类研究所的前身）正式成立，杨钟健被委任为该室副主任，德日进被聘为地质调查所荣誉顾问。正是杨钟健在随后的工作中奠定了中国恐龙研究的基础，并引领了中国恐龙研究的独立发展。

在 1929–1937 年抗日战争爆发前的近十年间，杨钟健以唯一作者发表与恐龙有关的学术文章 10 篇（4 篇记述新属、种和标本，4 篇综述性文章中涉及恐龙，另两篇介绍他人恐龙研究文章），约占他同期发表学术文章总数的五分之一，并两次领导了恐龙发掘工作（山东蒙阴和四川荣县）。杨钟健自己第一篇关于恐龙的文章发表于 1932 年，研究的是鹦鹉嘴龙，并命名了两个新种。标本是中瑞西北科学考察团（1928–1930）丁道衡自内蒙古采集的。1935 年和 1937 年，杨钟健又分别研究了该考察团袁复礼采自宁夏阿拉善（现属内蒙古）的宁夏绘龙（*Pinacosaurus ninghsiensis*）和新疆奇台的奇台天山龙（*Tienshanosaurus chitaiensis*）。天山龙是杨钟健命名的第一个恐龙属。中瑞西北科学考察团在 1929 年冬至 1930 年春在内蒙古和 1930 年 8 月至 1931 年 5 月在甘肃采集的恐龙标本由 B. Bohlin 在 1953 年研究发表。关于 Bohlin 研究的这批标本的讨论见"鸟臀类""评注"一节。

1938 年，地质学家卞美年和技工王存义、杜林春在云南禄丰盆地发现了大量的脊椎动物化石，揭开了中国恐龙研究的辉煌一页。在随后的十余年中，禄丰恐龙群化石成了杨钟健研究生涯的重点，他先后命名了禄丰龙（*Lufengosaurus*）和云南龙（*Yunnanosaurus*）等 5 属 7 种恐龙，建立了著名的"禄丰蜥龙动物群"。许氏禄丰龙是第一个从发现、研究、装架到展示完全由中国人自己完成的恐龙骨架，成为标志性的中国恐龙之一。在这一奠基时期，杨钟健还研究报道了四川和甘肃的恐龙化石。

（三）独立发展时期（1949 – 1978）

这一时期中国恐龙研究依然是在杨钟健的直接引领下进行。杨钟健不但自己完成了若干重要研究，也培养了中国恐龙研究的第二代人。这一时期中国恐龙研究是以杨钟健所在的中国科学院古脊椎动物与古人类研究所为主，但也渐有北京自然历史博物馆、中国地质博物馆、重庆自然博物馆和成都地质学院等机构的研究人员参与。以下是这一时期中国恐龙研究的主要进展。

50 年代中国恐龙研究有两大发现：一是在山东莱阳发现了以青岛龙为代表的一大批白垩纪恐龙，二是在四川盆地发现了侏罗纪的马门溪龙和嘉陵龙。1959 年中苏古生物考察队在内蒙古阿拉善地区发掘出部分恐龙化石，包括原巴克龙和吉兰泰龙等。60 年代初中国科学院古脊椎动物与古人类研究所在新疆进行了较大规模的野外考察并发现了部分恐龙化石。

1972 年，杨钟健和赵喜进发表了对马门溪龙的研究成果。1973 年，董枝明命名新疆乌尔禾早白垩世恐龙四个属；同年，胡承志命名了发现于山东诸城的晚白垩世鸭嘴龙类恐龙——山东龙。1977 年，董枝明研究报道了新疆吐鲁番盆地晚白垩世恐龙化石，包括兽脚类的鄯善龙；同年，董枝明等命名四川自贡剑龙类恐龙——沱江龙，侯连海命名安徽肿头龙类恐龙——皖南龙。1978 年，董枝明等命名四川侏罗纪大型兽脚类恐龙——永川龙。1979 年，董枝明命名广东南雄盆地晚白垩世镰刀龙超科——南雄龙；同年，何信禄命名四川自贡侏罗纪的鸟脚类恐龙——盐都龙。1979 年，董枝明和周世武等发现了四川自贡大山铺恐龙化石点。

（四）开放和大发展时期（1978 年至今）

在开放发展时期，一方面国内越来越多的机构和人员参与到恐龙研究中来，另一方面与国外的合作也越来越广泛和密切。这促成了中国恐龙研究的大发展，使中国恐龙成为世界恐龙研究中不可或缺的重要组成部分。

1982 年，董枝明等命名四川自贡大山铺中侏罗世剑龙类恐龙——华阳龙，揭开了大山铺恐龙化石群研究的序幕。随后通过中国科学院古脊椎动物与古人类研究所、重庆自然博物馆、原成都地质学院和自贡恐龙博物馆等机构研究人员的大量研究工作，揭示大山铺恐龙遗址是迄今为止世界上保存最好的一个中侏罗世恐龙动物群。这里的恐龙以蜥脚类为主。2005 年，彭光照等对自贡地区的恐龙作了系统总结。

1986–1990 年的中国 - 加拿大恐龙计划（China-Canada Dinosaur Project，简称 CCDP）取得了巨大成功，在中国新疆和内蒙古境内发现了大量恐龙化石。《Canadian Journal of Earth Sciences》于 1993、1996 和 2001 年分别出版了三期关于这一考察的研究报告。近年来在 CCDP 工作基础之上，许多机构又在新疆和内蒙古继续开展了大量工作，取得了不亚于 CCDP 的恐龙发现和研究成果，其中尤以中国科学院古脊椎动物与古人类研究所徐星等在新疆准噶尔盆地石树沟组的成果最受瞩目。

1996 年辽西早白垩世热河生物群中第一只带"毛"恐龙——"中华龙鸟"的发现揭开了中国恐龙研究的又一新篇章。迄今为止已在辽西及其周边地区发现了 30 余个这类恐龙的属、种，其中以小型带羽毛兽脚类为主。这些研究极大推进了全球古生物学家对鸟类起源、羽毛起源和飞行起源的研究。近年来在辽西及其周边地区热河生物群之下的中、晚侏罗世地层中又有更原始的带"毛"恐龙的发现，使上述三个起源问题的研究更向纵深发展。

在这一时期，国内许多省、区的恐龙研究都有了长足的进展，其中尤以甘肃、河南、吉林、黑龙江、浙江、广西和山东等地进展最快。到目前为止，除京、津、沪、福建、海南和港澳台等地外，全国其他省市自治区均有恐龙骨骼化石的发现。据较保守统计，截止到 2010 年年底中国共有 159 个恐龙属（尽管其中还可能有许多无效命名），位居世界各国首位。

系 统 记 述

鸟臀类 ORNITHISCHIA Seeley, 1887

定义与分类　鸟臀类是包含贝尼萨尔禽龙（*Iguanodon bernissartensis* Boulenger in Beneden, 1881）而非巴克兰德巨齿龙（*Megalosaurus bucklandii* Mantell, 1827）的最大包容分支。鸟臀类主要包括剑龙类（Stegosauria）、甲龙类（Ankylosauria）、鸟脚类（Ornithopoda）和边头类（Marginocephalia）四大类群；包含后四者的最小包容分支构成凹颊类（Genasauria）（Sereno, 1986）。凹颊类之前的鸟臀类又称为基干鸟臀类（Basal Ornithischia）（图7）。

基干鸟臀类中的异齿龙科（Heterodontosauridae）很可能代表了鸟臀类的第一个分支（Butler et al., 2008）。异齿龙科以发现于非洲早侏罗世的异齿龙（*Heterodontosaurus*）为代表，在晚三叠世也有发现。异齿龙科长期被视为基干的鸟脚类，也有将其作为边头类的近亲，或者是鸟脚类和边头类共同祖先的近亲。最新发现于辽西的属异齿龙科的天宇龙长有较长、单根、未分叉并有中空结构的皮肤附属物，该皮肤附属物较中华龙鸟等兽脚类中保存的"原始羽毛"还要原始，这从另一个方面说明异齿龙科或许比较原始，较接近最早的恐龙。

凹颊类分为有甲类（Thyreophora）和新鸟臀类（Neornithischia）。有甲类是包含大腹甲龙（*Ankylosaurus magniventris* Brown, 1908）而非沃克副栉龙（*Parasaurolophus walkeri* Parks, 1922）、粗糙三角龙（*Triceratops horridus* Marsh, 1889）或怀俄明肿头龙[*Pachycephalosaurus wyomingensis* (Gilmore, 1931) Brown et Schlaikjer, 1943]等分支的最大包容分支；而新鸟臀类是包含沃克副栉龙（*Parasaurolophus walkeri* Parks, 1922）或粗糙三角龙（*Triceratops horridus* Marsh, 1889）而非狭窄剑龙（*Stegosaurus stenops* Marsh, 1887）或大腹甲龙（*Ankylosaurus magniventris* Brown, 1908）支系的最大包容分支。有甲类除若干基干类群外主要由剑龙类（Stegosauria）和甲龙类（Ankylosauria）组成，包含后两者的最小包容分支构成宽足类（Eurypoda）。新鸟臀类除若干基干类群外又包括鸟脚类（Ornithopoda）和边头类（Marginocephalia），包含后两者的最小包容分支构成角足类（Cerapoda）。鸟脚类包括若干小型基干类群、基干禽龙类（basal Iguanodontia）和鸭嘴龙形类（Hadrosauriformes），而边头类则包括肿头龙类（Pachycephalosauria）和角龙类（Ceratopsia）。

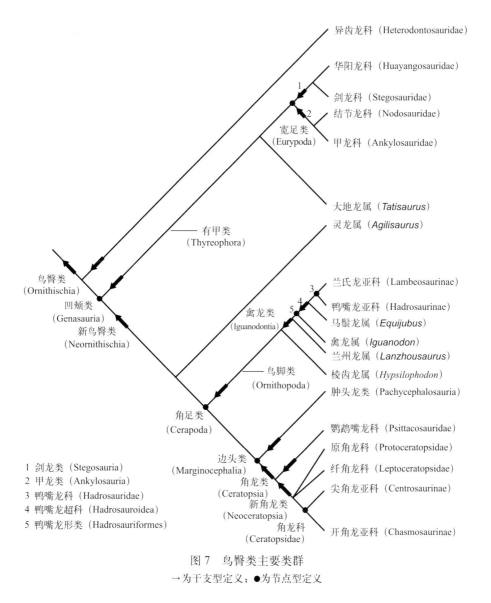

図 7　鳥臀类主要类群

→ 为干支型定义；● 为节点型定义

1　剑龙类（Stegosauria）
2　甲龙类（Ankylosauria）
3　鸭嘴龙科（Hadrosauridae）
4　鸭嘴龙超科（Hadrosauroidea）
5　鸭嘴龙形类（Hadrosauriformes）

　　形态特征　鸟臀类的衍征主要包括：眶前孔内孔缩小或闭合；前颌骨前端无齿；前颌骨腭面水平或微上拱；上颌骨腹侧缘内凹，形成一凹颊；眼睑骨存在；方轭骨近矩形，长轴垂直，前突短高；下颌前齿骨存在；下颌冠状突的前背部由齿骨构成。上、下颌牙齿齿冠低，侧视近三角形；齿冠边缘粗糙，具粗壮锯齿，锯齿以约 45° 与齿缘斜交；齿环（cingular）存在；牙齿不后弯；相邻牙齿间有叠置；颊部牙齿齿冠前后向扩大；最高齿冠在齿列中部。颈椎 9 个；荐椎 4–5 个。肩胛骨长板状，远端扩大；髂骨前突带状较长，其末端前伸超出耻骨柄（耻骨前突）；耻骨干呈棒状，与坐骨相邻并同向后腹方延伸；耻骨联合仅限于远端或缺失；股骨小转子发育，呈翼状，前后宽近大转子；股骨第四转子发育并下垂；胫骨远端后侧突发育，前视遮蔽其后腓骨；第一蹠骨退化，近端条板状，且第一趾第一趾节远端不超出第二蹠骨远端；第五蹠骨长度不超过第三蹠骨长的 25%；

第五趾退化。中轴骨骼上骨化腱存在。

分布与时代 全球，晚三叠世—白垩纪。

评注 1925 年，苏联恐龙学者 Riabinin 报道了产自今黑龙江嘉荫县乌云地区的一个鸟臀类化石——黑龙江崎齿龙（*Trachodon amurense* Riabinin, 1925）。这也是我国首次得到科学命名的恐龙化石，它开启了中国恐龙研究的科学进程。崎齿龙属的模式种产于北美，归于鸟臀类中的鸭嘴龙类（Leidy, 1858）。1930 年，Riabinin 重新详细研究了黑龙江崎齿龙，将其厘定为鸭嘴龙类一新属——黑龙江满洲龙（*Mandschurosaurus amurensis* Riabinin, 1930）。

我国第二件鸟臀类化石是 1929 年命名的中国谭氏龙（*Tanius sinensis* Wiman, 1929）。化石是师丹斯基和谭锡畴于 1922–1923 年在山东莱阳发现的。同年，德日进和杨钟健（Teilhard de Chardin et Young, 1929）报道了发现于陕西省神木的中国第一个与禽龙足印相似的鸟臀类恐龙足迹遗迹。

在中国，目前尚缺少晚三叠世鸟臀类化石的记录，而云南禄丰是目前已知唯一保存早侏罗世鸟臀类化石的地区。这里除已命名的两属小型基干有甲类外（Simmons, 1965；Dong, 2001），还有一未命名的鸟臀类标本（FMNH CUP 2338）（Irmis et Knoll, 2008）。杨钟健命名的 *Dianchungosaurus lufengensis*（杨钟健，1982b）和 *Tawasaurus minor*（杨钟健，1982a），后来的研究表明并不属鸟臀类（Sereno, 1991；Barrett et Xu, 2005）。禄丰早侏罗世的陆生脊椎动物化石群——禄丰蜥龙动物群（杨钟健，1951）与非洲和北美发现的同期陆生脊椎动物化石群有许多类群在属一级上是可以对比的（Irmis, 2004），而且当时各大陆尚未分离（联合古陆，Pangea）。因此，随着工作的深入今后在禄丰早侏罗世地层中发现新的鸟臀类化石的可能性很大，值得期待。

中侏罗世的鸟臀类集中发现在四川盆地的下沙溪庙组中。这里不仅有很好的剑龙类化石（杨钟健，1959；董枝明等，1983；彭光照等，2005），而且在自贡大山铺的下沙溪庙组中还有若干小型鸟臀类（董枝明、唐治路，1983；彭光照等，2005）。最新研究表明这些小型鸟臀类很可能是基干新鸟臀类。它们出现在鸟脚类和边头类分化之前，应该是角足类的姐妹群（Barrett et al., 2005）。中国晚侏罗世的鸟臀类化石不多，主要是在新疆和冀北辽西发现的基干角龙类。

早白垩世的鸟臀类化石主要出自冀北、辽西、甘肃、新疆和内蒙古等地区的河湖相堆积中，其中以角龙类中的鹦鹉嘴龙和基干的新角龙类，以及基干鸭嘴龙形类化石最为丰富，这对探讨角龙类和鸭嘴龙类的起源和早期演化意义重大（Dong et Azuma, 1997；Xu et al., 2002；You et al., 2003b, 2005b）。晚白垩世的鸟臀类以众多丰富多姿的鸭嘴龙类为特点，特别是某些属种显示出与北美大陆一些类群的密切渊源（Gilmore, 1933；杨钟健，1958a；Godefroit et al., 1998）；而最新在山东发现的北美之外的角龙科和纤角龙科成员也进一步预示着两个大陆在晚白垩世的密切联系（Xu et al., 2010a, 2010b）。

中瑞西北科学考察团 1929 年冬至 1930 年春在内蒙古和 1930 年 8 月至 1931 年 5 月在甘肃采集的恐龙标本由 Bohlin 在 1953 年研究发表（Bohlin, 1953）。这批白垩纪恐龙化石包括鸟臀类恐龙五个新属、两个新种和已知属种的两个新地点（蜥臀类恐龙只命名了一个新属种）。后续研究对这些属种多有引述，并成为引领后来内蒙古和甘肃恐龙大发现的重要依据。近年来随着研究的深入，对 Bohlin 最初的鉴定多有疑问，并普遍认为这批材料相当破碎并已丢失，这些属种均是无效的（Weishampel et al., 2004b）。在此，我们对 Bohlin 的成果作一简述，而不将它们列入各门类有效属种中。但无论如何，Bohlin 的工作至少告诉我们，恐龙，尤其是鸟臀类各主要门类在内蒙古和甘肃白垩纪有广泛分布。或许有一天随着工作的深入，Bohlin 命名的许多属种会被重新启用。

Bohlin 记述的鸟臀类恐龙发现于内蒙古和甘肃境内的六个化石点。内蒙古的三个化石点中有两个是晚白垩世的，一个是早白垩世的；而甘肃的三个地点都是早白垩世的。

（1）内蒙古晚白垩世 Tsondolein-khuduk 化石点

Bohlin 记述了该地点角龙一新属、种（戈壁微角龙 *Microceratops gobiensis* Bohlin, 1953），肿头龙一新种（*Troodon bexelli* Bohlin, 1953），并确定了甲龙类的存在。Maryańska 和 Osmólska（1975）曾将蒙古发现的一标本归入 Bohlin 所建戈壁微角龙，但 Sereno（2000）认为 Bohlin 的标本残破且已丢失，应为无效单元，而将蒙古的标本另立为一新属、种（*Graciliceratops mongoliensis*）。杨钟健（1958b）曾将山西左云发现的保存不好的部分恐龙化石作为该种的相似种。Sullivan（2006）认为 *Troodon bexelli* Bohlin, 1953 是 "*Stegoceras*" *bexelli*（Bohlin, 1953）的同物异名，因此 *Troodon bexelli* Bohlin, 1953 无疑应属肿头龙类，但并不能确定它就是北美 "*Stegoceras*" 这一属的。尽管存在争议，但内蒙古标本的发现毕竟代表了中国第一个肿头龙类恐龙化石点。

（2）内蒙古晚白垩世 Ulan-tsonch 化石点

Bohlin 报道了该地点的原角龙科安氏原角龙（*Protoceratops andrewsi*）。但 Lambert 等（2001）认为并不能确定这一标本属于安氏原角龙这一种甚至这一属。该地点在后来发现大量角龙类化石的巴音满都乎以东仅约 25 km，而且两者层位相当。巴音满都乎现已发现角龙类恐龙两属两种（*Proloceralops helfenikorhinus* 和 *Magnirostris dodsoni*）（Lambert et al., 2001；You et Dong, 2003）。同时，根据胚胎化石推测有安氏原角龙相似种和可能的 *Bagaceratops* 和 *Udanoceratops* 的成员（Dong et Currie, 1993）。

（3）内蒙古早白垩世 Tebch 化石点

Bohlin 记述了该地点蒙古鹦鹉嘴龙（种存疑）（*Psittacosaurus mongoliensis*?）和甲龙类一新属、种（结节蜥甲龙 *Sauroplites scutiger*）。鹦鹉嘴龙在这一地区的存在并不奇怪，但 Bohlin 的标本应归入鹦鹉嘴龙的哪个种却难以判断。

（4）甘肃早白垩世嘉峪关和北山地区的三个化石点

Bohlin 记述了甘肃嘉峪关附近（大草地）和嘉峪关以北北山地区三个地点的两个甲龙类新属、种（肿头黑山龙 *Heishansaurus pachycephalus* 和薄甲北山龙 *Peishansaurus philemys*），以及一个可能的剑龙类新属、种（凹甲似剑龙 *Stegosauroides excavatus*）和角龙类一新种（*Microceratops sulcidens*）。近年来在北山地区的工作中发现大量恐龙，但除甲片外尚未发现保存较好的有甲类。角龙类恐龙在北山地区已有大量发现，包括古角龙和黎明角龙两属（Dong et Azuma, 1997；You et al., 2005b）。Nessov 等（1989）曾将 *Microceratops sulcidens* 归入乌兹别克斯坦晚白垩世早期的 *Asiaceratops*，作为该属的一个新种。但 *Asiaceratops* 是根据一批零散材料而定，其本身是否成立尚有疑问（Makovicky et Norell, 2006）。这一材料现已遗失，仅仅根据 Bohlin 的记述断定 *Asiaceratops* 在中国的存在，还值得商榷。

截止到 2010 年年底，中国已记述鸟臀类化石 63 属 77 种。这些化石的地理分布见附图。本书对这些属、种做一较系统和简洁的总结。

异齿龙科 Family Heterodontosauridae Kuhn, 1966

模式属 异齿龙属 *Heterodontosaurus Crompton* et Charig, 1962

定义与分类 异齿龙科是包含塔克异齿龙（*Heterodontosaurus tucki*）而非鸟脚类（如沃克副栉龙 *Parasaurolophus walkeri* Parks, 1922）、边头类（如粗糙三角龙 *Triceratops horridus* Marsh, 1889）或有甲类（如大腹甲龙 *Ankylosaurus magniventris* Brown, 1908）的最大包容分支。异齿龙科仅包括为数不多的几个属（*Echinodon* Owen, 1861，*Lycorhinus* Haughton, 1924，*Heterodontosaurus* Crompton et Charig, 1962，*Abrictsaurus* Hopson, 1975，*Tianyulong* Zheng, You, Xu et Dong, 2009，*Fruitadens* Butler, Galton, Porro, Chiappe, Henderson et Erickson, 2009）。该科主要依据发现于非洲南部早侏罗世的异齿龙属而建（Kuhn, 1966）。

鉴别特征 异齿龙类体型较小（长 1–2 m)，两足行走。前颌骨腹缘下置低于上颌齿列；前颌骨与上颌骨间有一向上拱起的齿间隙，并至少占据 1 个齿冠的宽度；前齿骨与前颌骨的长度相近；前齿骨腹突不发育或缺失；前颌齿仅相对于前齿骨；前颌骨和下颌的齿骨前端长有大的犬状齿，犬状齿之前或长有小的钉状齿，其边缘无小锯齿；上下颌骨上的颊齿呈锉状，在齿冠上 1/3 处长有小的锯齿，这使得其牙齿明显分成两类，故曰异齿龙。

中国已知属 *Tianyulong* Zheng, You, Xu et Dong, 2009。

分布与时代 非洲、南美洲、欧洲、北美洲和亚洲（中国），晚三叠世—早白垩世。

评注 异齿龙科的系统发育关系和分类位置在鸟臀类中一直不定，曾被视为基干的鸟脚类、边头类或新鸟臀类群；较新研究认为其代表鸟臀类演化最初阶段的一个主要分支（Butler et al., 2008）。1982 年，杨钟健在其遗著中曾报道过产自云南禄丰盆地的一小型鸟臀类恐龙，命名为禄丰滇中龙（*Dianchungosaurus lufengensis*），并将其指为异齿龙科成员。对滇中龙的分类位置和有效性一直有不同的观点（Weishampel et Witmer, 1990；Lucas, 2001）。2005 年，Barrett 和 Xu（2005）研究了滇中龙的正模（IVPP V 4735a，V 4537b）之后指出其正模 V 4735a 前颌骨为一中鳄类（Mesoeucrocodylia），而副模 V 4537b 左右下颌支为一"原蜥脚类"幼年个体。近年根据我国辽西地区最新发现的孔子天宇龙，异齿龙类的身体很可能长有较长、单根、未分叉并具有中空结构的"毛状"皮肤衍生物，类似小型兽脚类身上的"前羽构造"。这里我们将该科单独列出，以示其在鸟臀类系统发育关系中的不确定性和形态特征的独特性和原始性。

天宇龙属 Genus *Tianyulong* Zheng, You, Xu et Dong, 2009

模式种 孔子天宇龙 *Tianyulong confuciusi* Zheng, You, Xu et Dong, 2009

鉴别特征 上下颌关节高于下颌齿列。只有一个前颌齿并且是犬齿状，其齿冠唇侧面无纵嵴也不具有边缘小锯齿。上颌齿向后增大，相邻齿冠彼此分开。最前端下颌齿犬齿状，与前颌齿大小相当，位于其后并插入半圆形的齿间隙中；下颌齿列和冠状突间有一明显间隙。

中国已知种 仅模式种。

分布与时代 辽宁，中—晚侏罗世。

孔子天宇龙 *Tianyulong confuciusi* Zheng, You, Xu et Dong, 2009
（图 8）

正模 STM 26-3：一不完整个体包括部分头骨带下颌；部分荐前椎以及前部和中部尾椎；保存几近完整的右肩胛骨，一对肱骨，左尺骨近端；一对髂骨，部分耻骨，一对股骨，右胫骨、腓骨和足部；以及皮肤衍生物。辽宁建昌玲珑塔，中—上侏罗统髫髻山组（Liu et al., 2010）。

鉴别特征 同属。

评注 孔子天宇龙是第一件被记述的发现于辽宁省建昌县玲珑塔一带的脊椎动物化石。随着近几年在该地其他脊椎动物化石的发现和年代地层学研究的深入，玲珑塔一带脊椎动物化石很可能产自中—上侏罗统的髫髻山组。因此，孔子天宇龙也很可能出自髫髻山组，而不是最初报道的下白垩统。不过，异齿龙科的成员在北美晚侏罗世晚期和英国早白垩世早期也有发现，要解决孔子天宇龙的时代归属问题恐怕最终还是需要直接的化石产地证据。

A

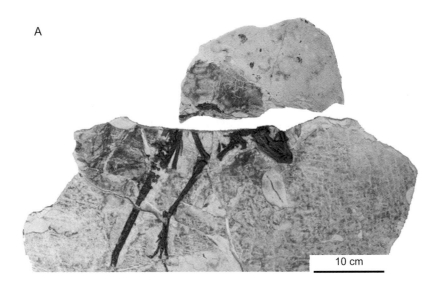

B

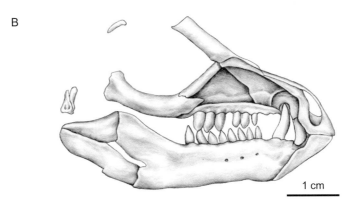

图 8 孔子天宇龙 *Tianyulong confuciusi* 正模 (STM 26-3)
A.骨骼右侧视；B.头骨带下颌，右侧视

有甲类 THYREOPHORA

定义与分类 有甲类（Thyreophora Nopcsa, 1915）是包含剑龙类（如狭窄剑龙 *Stegosaurus stenops* Marsh, 1887）或甲龙类（如大腹甲龙 *Ankylosaurus magniventris* Brown, 1908）而非鸟脚类（如沃克副栉龙 *Parasaurolophus walkeri* Parks, 1922）、角龙类（如粗糙三角龙 *Triceratops horridus* Marsh, 1889）或肿头龙类 [如怀俄明肿头龙 *Pachycephalosaurus wyomingensis* （Gilmore, 1931）Brown et Schlaikjer, 1943] 的最大包容分支。基干有甲类包括有甲类分化为宽足类之前的所有类群；宽足类是包含剑龙类和甲龙类的最小包容分支（Sereno, 1986）。

形态特征 身体背部有膜质骨板出现，眼睑骨具有较宽的基部且背视呈板状，后颞孔被副枕骨突背缘和鳞骨腹缘围成一凹槽，第一蹠骨发育，第一趾骨第一趾节远端超出第二蹠骨远端。

分布与时代 欧洲（英国和德国）、美国和中国，早侏罗世。

评注 非洲莱索托早侏罗世的鉴定莱索托龙（*Lesothosaurus diagnosticus*）是保存最好和研究较详的为数不多的早期鸟臀类之一。过去一直将其作为最基干的鸟臀类，Butler 等（2008）认为它有可能是最基干的有甲类，一年后 Butler 等（2009）又认为它是最基干的新鸟臀类。已知确切鉴定为基干有甲类的三个属种均发现于早侏罗世，它们是美国的 *Scutellosaurus lawleri*，英国的 *Scelidosaurus harrisonii* 和德国的 *Emausaurus ernsti*。我国云南禄丰盆地下侏罗统产出的奥氏大地龙（*Tatisaurus oehleri* Simmons, 1965）和禄丰卞氏龙（*Bienosaurus lufengensis* Dong, 2001）也被认为是基干的有甲类。

大地龙属 **Genus *Tatisaurus* Simmons, 1965**

模式种 奥氏大地龙 *Tatisaurus oehleri* Simmons, 1965

鉴别特征 小型基干有甲类。下颌前端尖细，前腹侧缘向内侧弯曲；下颌向后渐高，其外侧面也渐凸。有 18 个齿槽，牙齿大小开始由前向后递增，至齿列中段达到最大，然后递减。齿冠边缘具小齿，形态近似剑龙类的牙齿。

中国已知种 仅模式种。

分布与时代 云南，早侏罗世。

奥氏大地龙 ***Tatisaurus oehleri* Simmons, 1965**

（图 9）

Scelidosaurus oehleri：Lucas, 1996, p. 82

正模 FMNH CUP 2088：一块带牙齿的左下颌支及附着在其内侧的部分方骨；上隅骨和关节骨前移至齿骨内侧；该下颌支保存长 5.8 cm。云南禄丰大地，下侏罗统下禄丰组深红层。现存美国芝加哥菲尔德自然历史博物馆。

鉴别特征 同属。

评注 1948–1949 年，E. Oehler 神父在云南禄丰盆地雇工采到一批脊椎动物化石。这批化石中的一部分被运到了美国，现存放在芝加哥菲尔德自然历史博物馆。1965 年，D. Simmons 研究了这批化石中的部分爬行动物，并将其中一块下颌标本命名为奥氏大地龙（*Tatisaurus oehler* Simmons, 1965），将其归于鸟脚类中的棱齿龙科（Hypsilophodontidae）。Dong（1990）认为大地龙应属有甲类，并且可能是最原始的剑龙类。Norman 等（2007）虽也认同大地龙属基干的有甲类，但却认为没有足够的特征使该属有效。

方晓思等（2000）将原下禄丰组改称为禄丰组，原下禄丰组深红层对应于其禄丰组张家坳段。但这一划分方案尚有待进一步研究确认。本书对禄丰盆地中生代地层沿用Bien（1941）的传统方案。

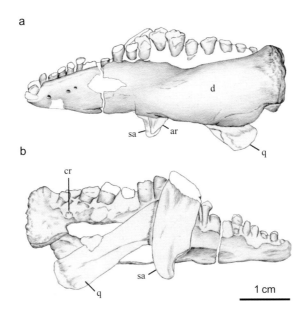

图 9　奥氏大地龙 *Tatisaurus oehleri* 正模 (FMNH CUP 2088) 左下颌支

a. 外侧视，b. 内侧视，ar. 关节骨 articular splint，cr. 换齿齿冠边缘具小齿 tip of crown of replacement tooth showing denticulate margin，d. 齿骨 dentary，q. 方骨 quadrate，sa. 上隅骨 surangular

卞氏龙属 Genus *Bienosaurus* Dong, 2001

模式种　禄丰卞氏龙 *Bienosaurus lufengensis* Dong, 2001

鉴别特征　小型基干有甲类。额骨较厚，其上有小的骨甲覆盖；齿骨高，侧面有纹饰，类似于典型的甲龙类的齿骨形态；牙齿小，呈叶状，有对称的齿冠和发育的齿环。

中国已知种　仅模式种。

分布与时代　云南，早侏罗世。

禄丰卞氏龙 *Bienosaurus lufengensis* Dong, 2001

（图 10）

正模　IVPP V 15311：一块残破的额骨，一带有牙齿、近完整的右下颌支和几块无法鉴别的头骨碎片。云南禄丰大洼，下侏罗统下禄丰组深红层。

鉴别特征　同属。

评注 这几件标本为卞美年在1938–1939年所采。Dong (2001) 将卞氏龙归入甲龙类。在此根据 Norman 等（2004b）对其牙齿形态特征的分析，将其归于基干有甲类。禄丰卞氏龙最初用的标本号 V 9612 与 Russell 和 Dong（1993）命名杨氏中国似鸟龙（*Sinornithoides youngi*）的标本号重复，Wang 和 Dong（in Li et al., 2008）已将此号改为 IVPP V 15311。

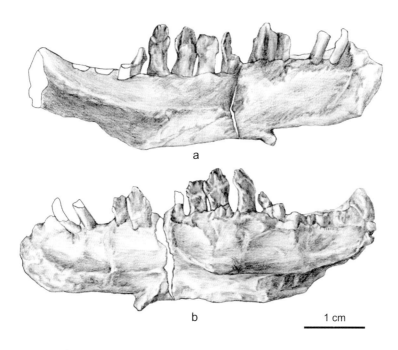

图 10 禄丰卞氏龙 *Bienosaurus lufengensis* 正模 (IVPP V 15311) 右下颌支
a. 外侧视, b. 内侧视

剑龙类 STEGOSAURIA MARSH, 1877

定义与分类 剑龙类是包含狭窄剑龙（*Stegosaurus stenops* Marsh, 1887）而非大腹甲龙（*Ankylosaurus magniventri* Brown, 1908）的最大包容分支。剑龙类是甲龙类的姐妹群，它包括华阳龙科（Huayangosauridae）和剑龙科（Stegosauridae）。

形态特征 剑龙类是一类长有骨板的中—大型有甲类（长可达 9 m）。头相对较小，身体弓起，四足行走。头骨较窄长；背椎椎弓高，至少是其相应椎体高度的 1.5 倍；髋臼前突外偏；前肢短于后肢。膜质骨板退化（即侧骨板列），呈板或棘状；从头到尾沿背嵴有两列直立的骨板，呈对称或交错排列，并在尾末端有 2–4 对大的骨刺，作为武器。

分布与时代 除南极外的各大陆，中侏罗世—早白垩世，以晚侏罗世最为繁盛。早侏罗世有脚印发现，印度晚白垩世的报道有疑问（Galton et Upchurch, 2004）。

评注 1929 年 Wiman 记述了师丹斯基和谭锡畴 1923 年在山东下白垩统蒙阴群采得

的剑龙骨板（Wiman，1929）。化石保存在乌普萨拉大学。1989年，董枝明访问乌普萨拉大学博物馆时观察了这件标本，认为它可能是一件剑龙尾棘。这应是中国最早的剑龙化石记录。Young（1935a）也报道了同一地点的一剑龙背棘的存在。

华阳龙科 Family Huayangosauridae Dong, Tang et Zhou, 1982

模式属 华阳龙属 *Huayangosaurus* Dong, Tang et Zhou, 1982

定义与分类 华阳龙科是包含太白华阳龙（*Huayangosaurus taibaii* Dong, Tang et Zhou, 1982）而非狭窄剑龙（*Stegosaurus stenops* Marsh, 1887）的最大包容分支。华阳龙科长期以来只包含华阳龙一个属种，而近来研究认为巨棘龙（彭光照等，2005）和重庆龙（Maidment et al., 2008）也可归入此科。尽管 Maidment 等（2008）认为巨棘龙有可能更为原始，是最基干的剑龙类，我们在此还是根据彭光照等（2005）将其归入华阳龙科。华阳龙科目前仅包括中国所产三属。

鉴别特征 小到中等大小的剑龙。具有眶前孔和下颌孔，颧弓突发育，具两块眶上骨，下颌冠状突发育显著，前颌骨有牙齿。背椎椎弓较低，荐孔未封闭，股骨略长于肱骨，第四转子不明显，足部第二、三趾均具3个趾骨。颈部的骨板呈桃形，背部和尾部的骨板呈矛状。

中国已知属 *Huayangosaurus* Dong, Tang et Zhou, 1982，*Chungkingosaurus* Dong, Zhou et Zhang, 1983，*Gigantspinosaurus* Ouyang, 1992，共三属。

分布与时代 中国，中侏罗世—晚侏罗世。

评注 董枝明等（1982）在命名华阳龙时，为其建立一新亚科——华阳龙亚科，其含义同华阳龙科。

华阳龙属 Genus *Huayangosaurus* Dong, Tang et Zhou, 1982

模式种 太白华阳龙 *Huayangosaurus taibaii* Dong, Tang et Zhou, 1982

鉴别特征 中等大小剑龙，成年个体可达5 m长。头骨背视呈楔型，较笨重；颧弓发育，上升支粗短；下颌厚实；下颌外孔三角形。7枚前颌齿，前几枚的齿冠尖，呈锥形，边缘小锯齿不发育，似"犬形齿"，而后几枚齿冠变扁；上、下颌每侧各27枚牙齿，上、下颌齿均佛手状，彼此重叠，齿冠边缘有小锯齿，齿环不甚发育。9个颈椎，16个背椎，4个荐椎，40个左右尾椎；颈椎体双凹型，椎弓和神经棘低，前关节突发育，神经孔大而亚圆形；背椎双平型，椎弓和神经棘高；4个荐椎愈合，相邻椎弓和神经棘牢固愈合形成一拉长的纵板；荐部顶面较平，在荐椎的两侧有三对穿透的荐孔。肱骨粗壮，骨干稍长，两端扭曲；股骨与肱骨长之比为1.13:1；股骨直，切面亚圆形；肋骨长而末端扁

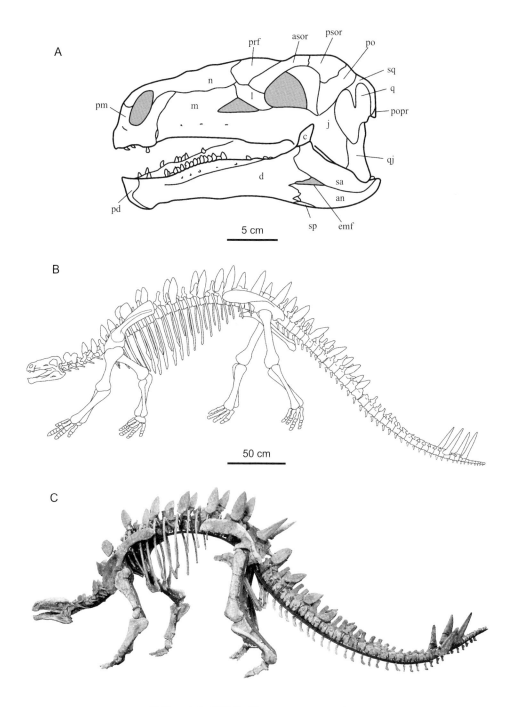

图 11 太白华阳龙 *Huayangosaurus taibaii*

A. 头骨带下颌左侧视（ZDM-T 7001）；B. 骨架复原线条图；C. 骨架复原装架图；an. 隅骨 angular, asor. 前眶上骨 anterior supraorbital, c. 下颌冠状突 coronoid, d. 齿骨 dentary, emf. 外下颌孔 external madibular fenestra, j. 轭骨 jugal, l. 泪骨 lacrimal, m. 上颌骨 maxilla, n. 鼻骨 nasal, pd. 前齿骨 predentary, pm. 前颌骨 premaxilla, po. 眶后骨 postorbital, popr. 枕骨旁突 paroccipital process, prf. 前额骨 prefrontal, psor. 后眶上骨 posterior supraorbital, q. 方骨 quadrate, qj. 方轭骨 quadratojugal, sa. 上隅骨 surangular, sp. 夹板骨 splenial, sq. 鳞骨 squamosal

宽，肋骨之间有骨质突。膜质骨板和骨棘多样化；颈部的骨板小，桃形；背区骨棘大而高，成矛状；尾刺两对；一对大的副肩棘处在肩胛骨之上；骨棘和骨刺排列对称；另有一排甲板沿体侧中线排列。

中国已知种 仅模式种。

分布与时代 四川，中侏罗世。

太白华阳龙 *Huayangosaurus taibaii* Dong, Tang et Zhou, 1982

(图 11)

正模 IVPP V 6728：一成年个体，包括基本完整的头骨带下颌，3 个颈椎，2 个背椎，一残破的荐部，一块腕骨和四块甲板。四川自贡大山铺，中侏罗统下沙溪庙组。

归入标本 ZDM-T 7001：一副基本完好的骨架；CQMNH-CV 720：一不完整的骨架，包括破损头骨带下颌，28 个脊椎及部分肢带和附肢骨；CQMNH-CV 721：18 个脊椎，一对髂骨和右胫骨；ZDM-T 7002：8 个脊椎，一对髂骨和两块膜质骨板；ZDM-T 7008：一左耻骨；ZDM-T 7004：一右肩胛骨和乌喙骨；ZDM 7010：一完整副肩棘。

鉴别特征 同属。

产地与层位 四川自贡大山铺，中侏罗统下沙溪庙组。

评注 Maidment 和 Wei（2006）对自贡大山铺产出的太白华阳龙的头后骨骼进行了重新记述。在新的记述的基础上，对其进行了分支系统学分析，再次证实华阳龙为基干剑龙类。

重庆龙属 Genus *Chungkingosaurus* Dong, Zhou et Zhang, 1983

模式种 江北重庆龙 *Chungkingosaurus jiangbeiensis* Dong, Zhou et Zhang, 1983

鉴别特征 个体较小的剑龙。头骨较高，下颌厚实。牙齿细小，呈扇状，彼此排列密集但互不叠置；齿冠舌、唇两侧面明显隆起，齿冠前、后缘上无显著的瘤状小锯齿，齿环不发育。背椎和尾椎体双平型，荐椎 4 个完全愈合，附有一个加强背荐椎体，荐肋指向侧后方。肱骨粗短，骨干不明显；髂骨前突侧偏不明显；股骨干圆直，第四转子不发育，股骨与肱骨长之比为 1.6∶1，股骨与胫骨长之比为 1.61∶1–1.68∶1；胫骨近端显著扩粗，关节面圆形，胫、腓骨之远端与距骨和跟骨完全愈合。膜质骨板呈棘 - 板过渡状，具四对尾刺。

中国已知种 仅模式种。

分布与时代 四川，晚侏罗世。

评注 Maidment 等（2008）经过分支系统分析建议将重庆龙归入华阳龙科，但支持这一单系的共有衍征仅有两个（髂骨前突背视侧向延伸不明显，以及其侧视向腹侧伸展）。我们暂将重庆龙归入华阳龙科。

江北重庆龙 *Chungkingosaurus jiangbeiensis* Dong, Zhou et Zhang, 1983

（图 12）

正模 CQMNH-CV 00206：一具不完整的骨架，计有头骨的吻端，10 个背椎，2 个荐椎，23 个连续的尾椎，零散的肋骨，肱骨一段，3 个掌骨，部分腰带，一对完整的股骨，一胫骨及 5 块骨板。重庆市江北区猫儿石，上侏罗统上沙溪庙组。

归入标本 CQMNH-CV 00207：部分荐椎和腰带；CV 00205：部分荐椎，4 个尾椎，右肱骨和一对股骨；CV 00208：10 个后部尾椎及相关联的人字骨和三对尾刺。

鉴别特征 同属。

产地与层位 重庆市江北区猫儿石，上侏罗统上沙溪庙组。

评注 1983 年董枝明、周世武和张奕宏在命名重庆龙的同时，将上述三个编号的归入标本记述为重庆龙属三个未定种。Maidment 和 Wei（2006）认为这些标本也应归入江北种，我们同意这一观点。

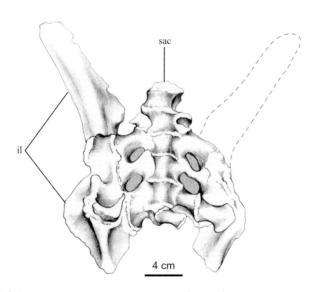

图 12　江北重庆龙 *Chungkingosaurus jiangbeiensis* 部分正模 (CQMNH-CV 00206)，荐部腹视
il. 髂骨 ilium, sac. 荐椎 sacral vertebrae

巨棘龙属 Genus *Gigantspinosaurus* Ouyang, 1992

模式种 四川巨棘龙 *Gigantspinosaurus sichuanensis* Ouyang, 1992

鉴别特征 中等大小的剑龙，具有相对较大的头骨。下颌冠状突发育，下颌外孔存在。

牙齿较小，呈叶状，排列紧密；下颌齿多达 30 枚，齿冠具明显中嵴，前后齿缘各有 5 个瘤状小锯齿，齿冠基部有明显齿环，齿尖具明显磨蚀面。荐前椎椎体坚实，短宽，无腹嵴；背椎具侧凹，椎弓低，神经孔较小，神经棘呈宽板状，背椎横突上斜不显著；4 个荐椎牢固愈合，荐横突极度扩展并与髂骨背面联合形成宽阔的背板，有未封闭荐孔 3 对，荐椎神经棘同最后一个背椎神经棘愈合成前后拉长的薄板；前部尾椎神经棘高，末端不扩展。肩胛骨与乌喙骨趋于愈合，肩胛骨近端不扩张，肩峰突不发育；乌喙骨呈高宽近等的四边形；肱骨近端扩展显著，三角肌嵴不发达；尺骨长度为肱骨长度的 80%，肘突较发育；愈合腕骨 2 块；掌骨短粗；指式：2-3-3-2-1。髂骨略长于股骨；坐骨和后耻骨（耻骨干）细长，耻骨前突长约为后耻骨的 1/2，末端不扩大；股骨扁而直，小转子和第四转子退化，与肱骨长度之比为 1.48∶1；胫骨近端扁；腓骨细长而扁直；距骨与胫骨和腓骨不愈合。颈部骨板三角形，小而薄，背部骨板厚实，低而宽；副肩棘巨大，长约为肩胛骨长的 2 倍；水平附着的膜质小甲板厚实，背面拱曲，腹面平坦。

中国已知种 仅模式种。

分布与时代 四川，晚侏罗世。

四川巨棘龙 *Gigantspinosaurus sichuanensis* Ouyang, 1992

(图 13)

正模 ZDM 0019：一具基本完整的骨架，包括一对基本完整的左右下颌支、关联的 8 个颈椎、16 个背椎和 4 个荐椎、部分前部尾椎、部分肢带骨、部分骨板、4 块小甲板、一对副肩棘（其中右侧副肩棘带有一小块皮肤印痕）。四川自贡仲权乡彭塘，上侏罗统上沙溪庙组。[①]

归入标本 ZDM 0156：4 个荐椎，1 个荐背椎，一对髂骨和坐骨。

鉴别特征 同属。

产地与层位 四川自贡仲权乡彭塘，上侏罗统上沙溪庙组。

评注 正模骨架出土时在肩带的左右侧各有一块特殊的骨棘，这一骨棘有一个宽扁的基部和向侧后方伸出的长而尖的刺棒，无疑具有防御功能。根据其保存位置，可以确定是在肩部两侧，称为副肩棘（parascapular spine）；据此也可以澄清：以前将肯特龙（*Kentrosaurus*）的一对肩棘误作为一对"副荐棘"，错误地安置在了荐部（Henning, 1915），其真正位置也应在肩带两侧。

彭光照等（2005）报道了巨棘龙一未定种。所根据的材料（ZDM 0156）是一较完整的比四川种略大的腰带，两者产地相距很近，产出层位相当。我们在此将其归入四川种。

① 欧阳辉 (Ouyang H). 1992. 四川巨棘龙的发现及其肩棘的定向. 见：中国科协首届青年学术年会卫星会议，地层古生物学的新发现与新见解青年学术讨论会. 南京. 47–49

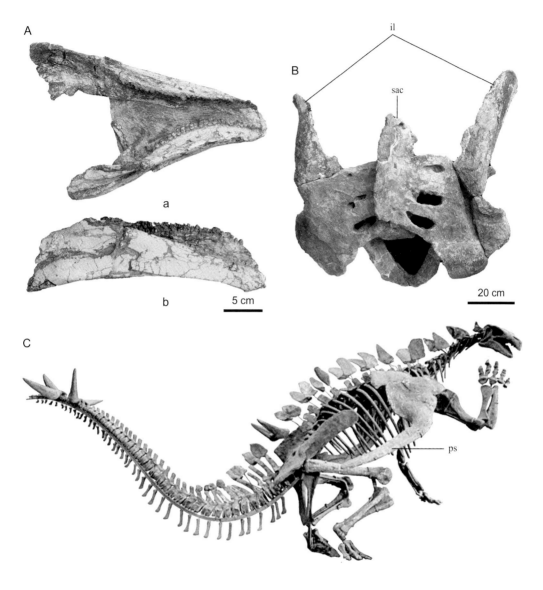

图 13　四川巨棘龙 *Gigantspinosaurus sichuanensis* 正模 (ZDM 0019)
A. 下颌：a. 背视，b. 右侧视；B. 荐椎和腰带背视；C. 骨架复原装架图；il. 髂骨 ilium，sac. 荐椎 sacral vertebrae，ps. 副肩棘 parascapular spine

剑龙科 Family Stegosauridae Marsh, 1880

模式属　剑龙属 *Stegosaurus* Marsh, 1887

定义与分类　剑龙科是包含狭窄剑龙（*Stegosaurus stenops* Marsh, 1887）而非太白华阳龙（*Huayangosaurus taibaii* Dong, Tang et Zhou, 1982）的最大包容分支。剑龙科主要包括欧洲的 *Dacentrurus*，北美的 *Stegosaurus*，东非的 *Kentrosaurus* 和亚洲的以 *Tuojiangosaurus* 为代表的若干属种；主要产自上侏罗统。

鉴别特征 较华阳龙科进步的剑龙，个体通常较大。头骨低而长，轭骨不发育，有2-3块眶上骨；下颌长，冠状突不发育，下颌外孔消失或残存为一浅凹；前颌骨无牙。背椎椎弓高，横突斜倾角约45°；近端尾椎神经棘末端横向扩展，其宽度大于前后向长度。桡骨远端宽度不小于其长度的38%，前耻骨长度不小于耻骨干长度的一半，股骨与肱骨长度比大于1.40∶1；轴上骨化腱消失。

中国已知属 *Chialingosaurus* Young, 1959，*Tuojiangosaurus* Dong, Li, Zhou et Zhang, 1977，*Yingshanosaurus* Zhu, 1994，*Jiangjunosaurus* Jia, Forster, Xu et Clark, 2007，*Monkonosaurus* Zhao, 1983 *vide* Dong, 1990，*Wuerhosaurus* Dong, 1973，共六属。

分布与时代 除南、北极外各大陆，中侏罗世—早白垩世。

嘉陵龙属 Genus *Chialingosaurus* Young, 1959

模式种 关氏嘉陵龙 *Chialingosaurus kuani* Young, 1959

鉴别特征 中等大小，骨骼较轻盈。头骨较高，面部窄，方骨直，下颌厚实；下颌牙齿数目较 *Tuojiangosaurus* 和 *Stegosaurus* 者少，牙齿排列不重叠。股骨直，第四转子不发育，股骨与肱骨长之比为1.62∶1。扁锥形的骨板呈棘状，较小。

中国已知种 仅模式种。

分布与时代 四川，晚侏罗世。

关氏嘉陵龙 *Chialingosaurus kuani* Young, 1959

(图14)

正模 IVPP V 2300：6个脊椎，两肱骨，右桡骨，两乌喙骨的远端，一右股骨，三块膜质骨板；CQMNH - CV 00202：前额骨，一左轭骨，一对方骨，一块右翼骨和一不全的下颌及3个破碎的颈椎，4个背椎，4个尾椎和肢骨若干。四川渠县平安乡太平砦，上侏罗统上沙溪庙组。

鉴别特征 同属。

评注 1959年，石油地质工作者关耀武在四川盆地进行石油地质调查时，于渠县平安乡采得一批破碎的恐龙化石，寄到中国科学院古脊椎动物研究所。经杨钟健整理研究命名为关氏嘉陵龙。1978年，重庆市博物馆周世武到渠县平安乡进行恐龙化石调查时，在平安乡太平砦原产关氏嘉陵龙的化石坑中采得部分材料（CQMNH-CV 00202），经验证与关氏嘉陵龙正模在石化程度和颜色等特征上相符，并且各骨均没有重复，与正模应属同一个体。1983年，董枝明等（1983）据此对关氏嘉陵龙作了补充记述。

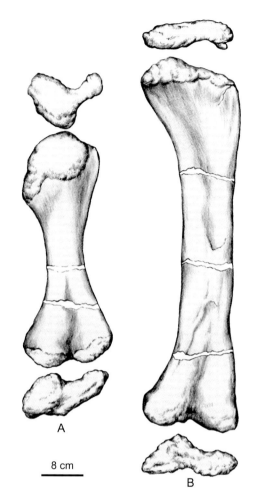

图 14　关氏嘉陵龙 *Chialingosaurus kuani* 部分正模 (IVPP V 2300)
A.右肱骨后视，及近端、远端端面视；B.右股骨后视，及近端、远端端面视

沱江龙属 Genus *Tuojiangosaurus* Dong, Li, Zhou et Zhang, 1977

模式种　多棘沱江龙 *Tuojiangosaurus multispinus* Dong, Li, Zhou et Zhang, 1977。

鉴别特征　大型剑龙。头骨低长，颞弓不发育，有 2–3 块眶上骨，并在眶上骨上有粗糙的瘤状结节。下颌每侧有 27 枚牙齿，排列紧密，相互叠置。4 个愈合荐椎，荐孔未完全封闭；近端尾椎神经棘向侧前方伸出一薄板。股骨第四转子可见，股骨与肱骨长度之比为 1.57∶1。膜质骨板和骨棘沿背脊成对排列，共有 17 对，颈部骨板小呈桃形，背部骨板三角形，荐部骨棘大，骨棘向尾端逐渐减小，尾末端有两对大而重的骨刺。

中国已知种　仅模式种。

分布与时代　四川，晚侏罗世。

多棘沱江龙 *Tuojiangosaurus multispinus* Dong, Li, Zhou et Zhang, 1977

（图 15）

　　正模　CQMNH - CV 00209（原编号为 CQMNH - CV 02505）：一不全骨架，计有破碎头骨带下颌、完整的脊椎、部分肢带和附肢骨、膜质骨板和骨棘等。四川自贡伍家坝，上侏罗统上沙溪庙组。

　　副模　CQMNH - CV 00210（原编号为 CQMNH - CV 02506）：一不全个体，包括部

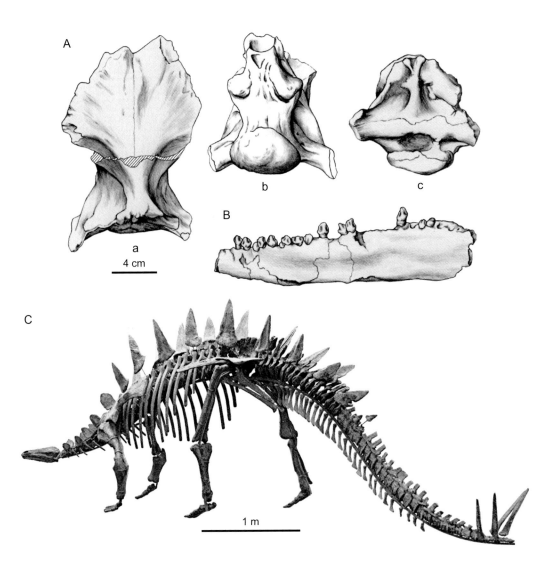

图 15　多棘沱江龙 *Tuojiangosaurus multispinus* 正模 (CQMNH - CV 00209)
A. 不完整头骨：a. 背视，b. 腹视，c. 后视；B. 右齿骨内视；C. 骨架复原装架图

分破碎头骨和部分下颌，1 个颈椎，3 个背椎，4 个荐椎，1 个尾椎，左右肩胛骨和一块膜质骨板。四川自贡伍家坝，上侏罗统上沙溪庙组。

鉴别特征　同属。

评注　多棘沱江龙是亚洲地区发现的第一具较完整的剑龙类化石骨架。剑龙类的膜质骨板和骨棘的排列方式一直没有完全研究清楚，它的功用也令人困惑。沱江龙的副模背椎的横突外侧附有一块残破的骨板，在其对侧也有类似的痕迹，而在荐部有一对对称的骨棘，因此推测多棘沱江龙的膜质骨板在背脊两侧是对称排列的。剑龙类的骨板排列在晚侏罗世晚期的 *Stegosaurus* 和早白垩世的 *Wuerhosaurus* 中是交错竖立在背脊两侧的。剑龙中对称性排列的骨板可视为原始特征。

营山龙属 Genus *Yingshanosaurus* Zhu, 1994

模式种　济川营山龙 *Yingshanosaurus jichuanensis* Zhu, 1994

鉴别特征　中等大小，背神经棘顶端膨大呈平头状，横突与背神经棘夹角约 60º，荐椎 5 个，荐孔几乎封闭，前部尾椎神经棘的顶端扩张不分叉，股骨与肱骨长之比为 1.69:1，骨板呈板状，侧视近三角形，左右对称排列。

中国已知种　仅模式种。

分布与时代　四川，晚侏罗世。

济川营山龙 *Yingshanosaurus jichuanensis* Zhu, 1994

(图 16)

正模　CQMNH - CV 00722：部分背椎、完整荐椎和部分尾椎、左侧附肢骨和部分骨板。四川营山县济川乡，上侏罗统上沙溪庙组顶部。

鉴别特征　同属。

评注　济川营山龙 1994 年发表在《四川文物》，但长期被地质古生物学界忽视。剑龙类的荐孔是由荐肋与荐横突的愈合决定，在早时的华阳龙中荐孔大而穿透，在晚期乌尔禾龙则完全封闭。营山龙的荐孔几乎完全封闭，在剑龙类中是较进步的（Sereno et Dong, 1992）。济川营山龙的许多特征及其相对较高的层位，说明它不同于四川盆地侏罗纪其他剑龙，应是一个有效属种。

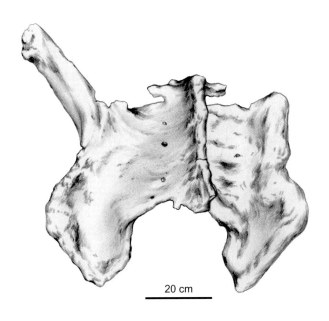

图 16 济川营山龙 *Yingshanosaurus jichuanensis* 正模 (CQMNH - CV 00722)
荐椎和腰带背视

将军龙属 Genus *Jiangjunosaurus* Jia, Forster, Xu et Clark, 2007

模式种 准噶尔将军龙 *Jiangjunosaurus junggarensis* Jia, Forster, Xu et Clark, 2007

鉴别特征 中等大小的剑龙。头骨较长，眶后区占头骨长的35%。有一小的下颌外孔，前端齿骨下弯。14枚上颌齿和21枚下颌齿形态相似，但上颌齿要略小；齿冠前后向较宽，唇舌侧均具釉质层。11个颈椎，枢椎神经棘侧视近矩形，后部颈椎椎体侧面有较大开孔。

中国已知种 仅模式种。

分布与时代 新疆，晚侏罗世。

准噶尔将军龙 *Jiangjunosaurus junggarensis* Jia, Forster, Xu et Clark, 2007

(图 17)

正模 IVPP V 14724：部分关联骨架，包括部分头骨带下颌，11 个颈椎，部分肋骨和两块膜质骨板。新疆准噶尔盆地将军庙，上侏罗统下部石树沟组上部。

鉴别特征 同属。

评注 准噶尔将军龙产自准噶尔盆地将军庙地区的石树沟组。石树沟组夹层中的火山灰堆积中长石 $^{40}Ar/^{39}Ar$ 测年值为 158.7–161.2 Ma（±0.2 Ma），恰好处在中、上侏罗统界线中（Eberth et al., 2001）。因正模产自该组上部，与中华盗龙（*Sinraptor*）和左龙（*Zuolong*）

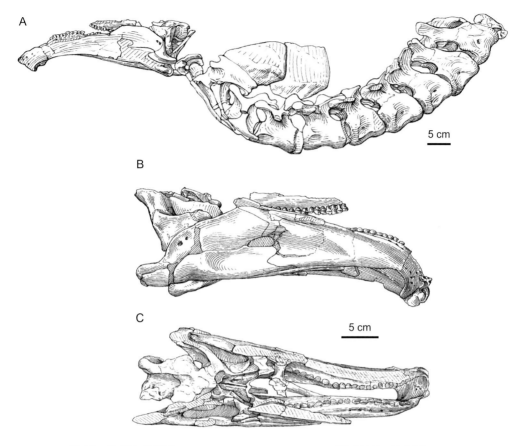

图 17 准噶尔将军龙 *Jiangjunosaurus junggarensis* 正模 (IVPP V 14724)

A. 部分头骨带下颌及 11 个颈椎，部分颈肋和两块膜质骨板左侧视；B. 部分头骨带下颌右侧视；C. 部分头骨带下颌背视。改自 Jia et al., 2007

等为同层，时代应为晚侏罗世牛津期（Oxfordian）。

芒康龙属 Genus *Monkonosaurus* Zhao, 1983 *vide* Dong, 1990

模式种 拉屋拉芒康龙 *Monkonosaurus lawulacus* Zhao, 1983 *vide* Dong, 1990

鉴别特征 中等大小的剑龙。荐部由四个荐椎牢固地愈合而成，荐椎的各相邻神经棘彼此愈合，形成一纵长的板形神经棘链，而且低矮的神经棘顶端略有横向扩粗。荐部背面平坦，由荐横突和荐肋愈合形成荐盾（sacral shield）。髂骨与荐部牢固愈合，形成一体。膜质骨板中部厚，周边薄，背中有一长的隆嵴，两侧有粗糙的结节。

中国已知种 仅模式种。

分布与时代 西藏，晚侏罗世—早白垩世。

拉屋拉芒康龙 *Monkonosaurus lawulacus* Zhao, 1983 *vide* Dong, 1990

(图 18)

正模 IVPP V 6957：一完整的荐部，带有两块髂骨以及三块骨板。西藏昌都地区芒康县碧龙沟西口，上侏罗统—下白垩统佬然组。

鉴别特征 同属。

评注 1976–1977年，中国科学院青藏高原综合科学考察队古脊椎动物考察组在西藏昌都地区考察时，在芒康县拉屋拉山采得一批脊椎动物化石，其中有一完整的荐部，

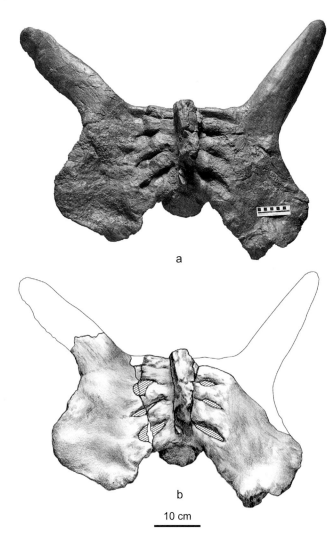

a

b

10 cm

图 18 拉屋拉芒康龙 *Monkonosaurus lawulacus* 正模 (IVPP V 6957) 荐椎和髂骨顶视
a. 照片 (右髂骨大部分为复原)，b. 素描图

带有两块髂骨以及三块骨片。Zhao（1983）根据这些材料，将其命名为拉屋拉芒康龙，归于甲龙类；可惜对该化石没有描述和图版。1990 年，董枝明在研究了芒康龙的荐椎构造，观察了它的髂骨后，认为它是一只典型的剑龙。董枝明认为芒康龙的荐孔封闭，但 Maidment 和 Wei（2006）认为芒康龙的荐孔存在，并认为芒康龙的鉴定特征不足，应视为一无效属种（Maidment et Wei, 2006）。

拉屋拉芒康龙是西藏地区第一次发现的最可信的剑龙化石。它的发现除了生物学意义外，对构造地质和区域地质的研究也有重要意义。产芒康龙的佬然组主要出露在藏东昌都地区，海拔在 3800 m 以上。从构造地质学角度来看该地属于康滇古陆之西北缘。在芒康龙生存的时代，这里的水系与古巴蜀湖（陈丕基、沈炎彬，1983）有关。它们具有相似的沉积环境，生活着类似的恐龙动物群。与芒康龙一起发现的蜥脚类和兽脚类化石证明它们与四川盆地相关的动物群相似，很可能属于同一个动物区系。赵喜进认为产芒康龙的佬然组的时代为早白垩世，从动物群性质、区域地质以及芒康龙形态分析，它也许是晚侏罗世晚期的产物。

乌尔禾龙属 Genus *Wuerhosaurus* Dong, 1973

模式种　平坦乌尔禾龙 *Wuerhosaurus homheni* Dong, 1973

鉴别特征　大型剑龙。背椎仅有 11 个，而剑龙属（*Stegosaurus*）为 16 个、华阳龙属（*Huayangosaurus*）为 17–18 个，均比较多；腰带的髂骨和荐部愈合紧密，平坦坚实；膜质骨板厚实，呈铡刀形。

中国已知种　*Wuerhosaurus homheni* Dong, 1973, *W. ordosensis* Dong, 1993。

分布与时代　新疆、内蒙古，早白垩世。

平坦乌尔禾龙 *Wuerhosaurus homheni* Dong, 1973

（图 19）

Stegosaurus homheni：Maidment et al., 2008, p. 379

正模　IVPP V 4006：一残破的骨架，两个背椎，完整的荐椎，第一尾椎，以及肩胛骨、乌喙骨、两个肱骨、一个尺骨、完整的腰带和两块骨板等。新疆准噶尔盆地乌尔禾，下白垩统吐谷鲁群。

鉴别特征　大型的进步剑龙，体长可达 7–8 m。背椎的形态特征与 *Stegosaurus* 相似；5 个荐椎，最后一个末端扩大，荐椎椎弓愈合；尾椎体扁圆，高为长的两倍，神经棘呈棒状，顶端扩大，但与 *Stegosaurus* 的不同，扩大的顶端中央无凹沟，表面也无粗糙的结节。肱骨粗壮，肱骨干短，三角肌嵴发育，两端扭曲。髂骨前突与肱骨长之比为 3∶1 (*Stegosaurus* 中的比值为 2∶1)。髂骨前突宽长，向外腹侧伸，末端边缘圆，呈扁铲状；后突短，呈三角形；荐横突与荐肋愈合形成平坦的荐区，荐孔完全封闭。膜质骨板大而长，且厚实，呈铡刀形，与 *Kentrosaurus* 和 *Tuojiangosaurus* 粗高的棘板不同。

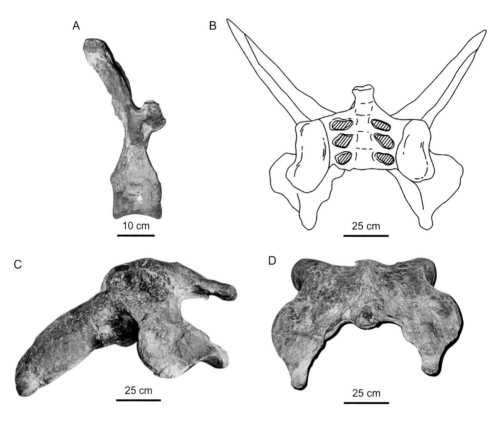

图 19　平坦乌尔禾龙 *Wuerhosaurus homheni* 正模 (IVPP V 4006)
A. 背椎右侧视；B. 荐椎和腰带腹视；C. 荐椎和腰带背左侧视；D. 荐椎和腰带背后视

　　评注　1964 年，中国科学院古脊椎动物与古人类研究所新疆古生物考察队在准噶尔盆地西北乌尔禾地区的艾里克湖畔采集到一具残破的剑龙骨骼。在鉴定乌尔禾龙标本时，杨钟健教授曾提醒董枝明注意：乌尔禾龙的生存时代是早白垩世。按传统的观点，剑龙在白垩纪早期就已绝灭；乌尔禾标本是否为剑龙，应持谨慎态度。在对比研究了乌尔禾标本之后，董枝明 (1973) 确信它是一典型的剑龙。荐椎和腰带与 *Stegosaurus* 的极为相似。Galton (1981) 对平坦乌尔禾龙的颅后骨骼作进一步对比研究后认为乌尔禾龙的颅后骨骼与 *Kentrosaurus* 的相近，荐椎的构造确与 *Stegosaurus priscus* BMNH 3167 标本相似，但乌尔禾龙的骨板形态特殊。Galton (1981) 曾断言乌尔禾龙标本是一只老年个体，表现在骨缝愈合程度较高、肢骨端面骨化以及荐部愈合、荐孔封闭等。至于荐孔的穿透过程，董枝明在研究太白华阳龙时观察了大小不同的五个荐部，它们很可能代表不同的年龄，均有大的穿透荐孔；因此剑龙类的荐孔，可能随其演化在进步的种类中逐渐缩小，并在生命晚期达到全封闭，并非完全代表个体发育的不同阶段（Sereno et Dong, 1992）。

Maidment 等（2008）对剑龙类作了分支系统学分析，认为 IVPP V4006 的背椎和荐椎 - 髂骨板（ilio-sacral block）的特征与剑龙属最相近，建议将平坦乌尔禾龙作为剑龙属的一个种：*Stegosaurus homheni*（Dong, 1973）。但乌尔禾龙的骨板形态特殊，肩胛骨干平直，髂骨前突发育前伸等特征有别于 *Stegosaurus*。乌尔禾龙应视为亚洲早白垩世特有的一个属。

鄂尔多斯乌尔禾龙 *Wuerhosaurus ordosensis* Dong, 1993
（图 20）

正模 IVPP V 6877：一副不完整的骨架，保存有关联的最后三节颈椎至最前五节尾椎及肋骨和右髂骨。内蒙古自治区鄂尔多斯市杭锦旗，下白垩统伊金霍洛组。

副模 IVPP V 6878：一块背板；IVPP V 6879：一个背椎。

鉴别特征 一中等大小、构造较轻巧的剑龙，体长约 4.5 m。与该属平坦种相比，背椎神经孔较小，前部尾椎的神经棘较薄，第一尾椎神经棘顶端不膨大也没有顶凹。

产地与层位 内蒙古自治区鄂尔多斯市杭锦旗，下白垩统伊金霍洛组。

评注 Maidment 等（2008）认为该种无效，而将 IVPP V 6879（一个背椎）归入平坦种。Maidment 等（2008）的主要理由是 Dong（1993）文中未提供所列特征（见上文鉴别特征）的图照和测量数据，因此这些特征是不可靠的。我们认为不能因为没有相应的图照和测量数据，就认为文字记述是不可靠或不正确的，Maidment 等（2008）的结论值得商榷。

25 cm

图 20 鄂尔多斯乌尔禾龙 *Wuerhosaurus ordosensis* 正模 (IVPP V 6877)
部分背椎、荐椎、尾椎、背肋和右髂骨右侧视

甲龙类 ANKYLOSAURIA Osborn, 1923

定义与分类 甲龙类是包含大腹甲龙（*Ankylosaurus magniventri* Brown, 1908）而非狭窄剑龙（*Stegosaurus stenops* Marsh, 1887）的最大包容分支。甲龙类是剑龙类的姐妹群，它又包括结节龙科（Nodosauridae）和甲龙科（Ankylosauridae）。但 Carpenter（2001）认为若干甲龙科的早期成员可单列为一科，其余的甲龙科成员才构成甲龙科。

形态特征 中—大型有甲类，身躯宽而低，四肢短。头骨吻部和隅骨侧面有纹饰；眶前孔、上颞孔和下颌外孔封闭；副鼻窦腔存在；方骨与副枕骨突愈合；耻骨不参与围成封闭的髋臼；愈合荐部，包括荐椎和相邻的 3–6 个背椎愈合形成荐综骨（synsacrum）；身体背部有多列纵向排列的膜质骨板，骨板上有嵴，呈盾甲状；在身体前侧边缘或尾部骨板呈棘状；有一类的骨板在尾端与尾椎愈合，形成骨锤。

分布与时代 除非洲外的各大陆，中侏罗世—晚白垩世，以晚白垩世最为繁盛。

结节龙科 Family Nodosauridae Marsh, 1890

定义与分类 结节龙科是包含奇异胄甲龙（*Panoplosaurus mirus* Lambe, 1919）而非大腹甲龙（*Ankylosaurus magniventri* Brown, 1908）的最大包容分支。

鉴别特征 头骨狭长型，前颌骨有纹饰，眶上骨具圆形瘤突，枕髁完全由基枕骨构成，尾端无骨锤。

中国已知属 *Liaoningosaurus* Xu, Wang et You, 2001，*Zhongyuansaurus* Xu, Lü, Zhang, Jia, Hu, Zhang, Wu et Ji, 2007，*Zhejiangosaurus* Lü, Ji, Sheng, Li, Wang et Azuma, 2007，共三属。

分布与时代 中国、北美，白垩纪。

辽宁龙属 Genus *Liaoningosaurus* Xu, Wang et You, 2001

模式种 奇异辽宁龙 *Liaoningosaurus paradoxus* Xu, Wang et You, 2001

鉴别特征 头骨扁平；前颌齿存在，牙齿纤细，齿冠上有小锯齿；颊齿较大，齿冠基部有齿环；有一块大的盾板处在腰腹部，颈部骨板亚三角形；后足长是前足的两倍。

中国已知种 仅模式种。

分布与时代 辽宁，早白垩世。

评注 对于辽宁龙是否属于结节龙科还有不同意见，Vickaryous 等（2004）将其作为分类位置待定的甲龙类。

奇异辽宁龙 *Liaoningosaurus paradoxus* Xu, Wang et You, 2001

（图 21）

正模 IVPP V 12560：一件近乎完整的幼年个体骨架。辽宁北票王家沟，下白垩统义县组。

鉴别特征 同属。

图 21 奇异辽宁龙 *Liaoningosaurus paradoxus*（IVPP V 12560）

中原龙属 Genus *Zhongyuansaurus* Xu, Lü, Zhang, Jia, Hu, Zhang, Wu et Ji, 2007

模式种 洛阳中原龙 *Zhongyuansaurus luoyangensis* Xu, Lü, Zhang, Jia, Hu, Zhang, Wu et Ji, 2007

鉴别特征 一大型的结节龙类。头骨长大于宽，其比值为1.4；顶骨区平坦；顶视头骨的后边缘及眶孔之后的侧边缘平直；无前颌齿，上颌骨每侧具18枚牙齿；枕髁后下方具有半圆形凹陷面；副枕骨突与鳞骨没有愈合。肱骨远端与近端的宽度几乎相等；坐骨主干较平直，与其他结节龙不同。

中国已知种 仅模式种。

分布与时代 河南，早白垩世—晚白垩世。

洛阳中原龙 *Zhongyuansaurus luoyangensis* Xu, Lü, Zhang, Jia, Hu, Zhang, Wu et Ji, 2007

（图22）

正模 HNGM 41HIII-0002：几近完整的头骨带下颌；一个颈椎椎弓，一个完整的背椎，两个背椎体，三个具神经棘的背椎弓，17个尾椎，其中最后的七个尾椎愈合在一起；完整的左肱骨，左右两坐骨和一个耻骨；以及不同部位的骨板。河南汝阳刘店乡，下白垩统—上白垩统蟒川组。

鉴别特征 同属。

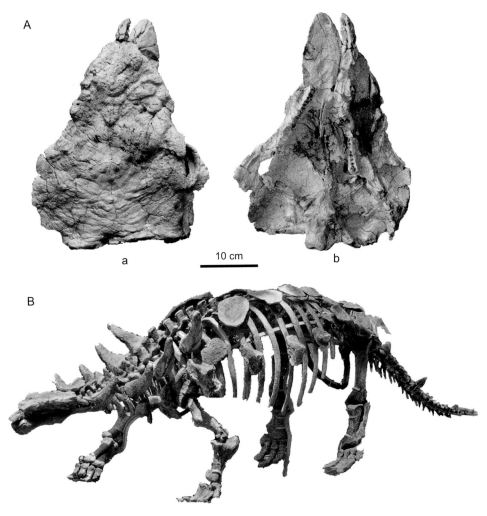

图22 洛阳中原龙 *Zhongyuansaurus luoyangensis* 正模 (HNGM 41HIII-0002)
A. 头骨：a. 背视，b. 腹视；B. 骨架复原装架图

评注　河南西部汝阳、宜阳、洛阳等地沉积的一套红色砂质泥岩、泥灰岩夹碳质碎屑岩层被河南区域地质调查队命名为蟒川组，初始认为是古近纪的沉积。21世纪初在汝阳刘店、三屯地区于该套地层红色砂泥岩中发现了恐龙化石：大型的蜥脚类黄河巨龙和结节龙类，亦即反映蟒川组时代为晚白垩世。近年微体化石（孢粉、轮藻和介形虫化石）研究认为其时代是早白垩世阿普特期（翁霞等，2011[①]）。这里我们采纳蟒川组之沉积时代为早白垩世—晚白垩世。

浙江龙属 Genus *Zhejiangosaurus* Lü, Ji, Sheng, Li, Wang et Azuma, 2007

模式种　丽水浙江龙 *Zhejiangosaurus lishuiensis* Lü, Ji, Sheng, Li, Wang et Azuma, 2007

鉴别特征　荐部由三个荐椎和最后五个背椎愈合形成的荐前棒 (Presacral rod) 组成荐综骨，髂白前突细长，荐肋指向背侧方，并略向后倾，第四转子在股骨中位，胫骨与股骨长度之比为0.46，腓骨非常纤细。

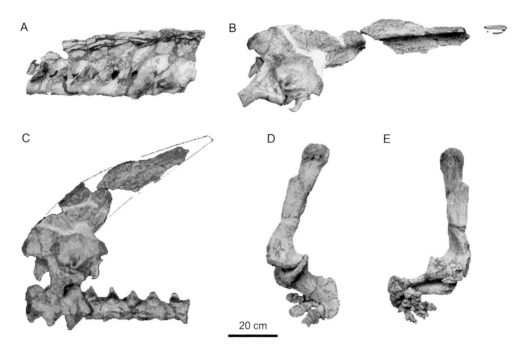

20 cm

图23　丽水浙江龙 *Zhejiangosaurus lishuiensis* 正模 (ZMNH M8718)
A. 愈合荐综骨右侧视；B. 髂骨右侧视；C. 荐综骨和髂骨腹视；D. 右后肢内侧视；E. 右后肢外侧视

---

① 翁霞 (Weng X), 曾光艳 (Zeng G Y), 牛桂丽 (Niu G L), 南科为 (Nan K W). 2011. 论汝阳 "蟒川组" 地质时代 . 中国古生物学会第 26 届学术年会 , 论文摘要集 . 182–183

中国已知种 仅模式种。

分布与时代 浙江，晚白垩世。

丽水浙江龙 *Zhejiangosaurus lishuiensis* Lü, Ji, Sheng, Li, Wang et Azuma, 2007
（图 23）

正模 ZMNH M8718：荐部由三个荐椎和五个愈合背椎组成荐综骨，14 个尾椎和较完整的腰带以及后肢骨。浙江丽水，上白垩统朝川组。

鉴别特征 同属。

甲龙科 Family Ankylosauridae Brown, 1908

定义与分类 甲龙科是包含大腹甲龙（*Ankylosaurus magniventri* Brown, 1908）而非奇异胄甲龙（*Panoplosaurus mirus* Lambe, 1919）的最大包容分支。

鉴别特征 头骨短宽，前颌骨腭部宽大于长，前颌骨腭部缝合线前部夹成一 V 或 U 形沟槽；鳞骨有一锥形突起；顶骨背后缘抬高，且其上有横向纹饰；翼骨下颌支指向前外侧。尾端具有骨质尾锤。

中国已知属 *Tianchisaurus* Dong, 1993，*Gobisaurus* Vickaryous, Russell, Currie et Zhao, 2001，*Pinacosaurus* Gilmore, 1933，*Tianzhenosaurus* Pang et Cheng, 1998，*Crichtonsaurus* Dong, 2002，共五属。

分布与时代 中国、北美，中侏罗世—白垩纪。

天池龙属 Genus *Tianchisaurus* Dong, 1993

模式种 明星天池龙 *Tianchisaurus nedegoapeferima* Dong, 1993

鉴别特征 一个小的基干的甲龙，体长约 3 m。头骨较高，有小的膜质甲板覆盖；下颌高，外侧无甲板覆盖，但有纵的饰纹。环椎和枢椎不愈合，颈椎体短，双凹型；背椎体较长，双平型，横突与背肋不愈合；荐部由七个愈合椎体组成，前两个是背荐椎，形成荐前棒，最后一个是荐尾椎，四个荐椎体是整个脊柱中最大的，荐椎神经棘愈合，形成纵的板状脊；远端尾椎愈合成小而扁的尾锤。股骨直，骨干上有饰纹，第四转子呈嵴状。在肩部有一个由四对大的膜质甲板愈合成的肩带部，甲板厚并有发育的中嵴；身体上覆盖着许多大小不同、形状各异的甲板。

中国已知种 仅模式种。

分布与时代 新疆，中侏罗世。

评注 天池龙命名文章中的拉丁名是"*Tianchiasaurus*"，作者 1994 年将其更正为"*Tianchisaurus*"。Vickaryous 等（2004）对天池龙的有效性有疑问。

明星天池龙 *Tianchisaurus nedegoapeferima* Dong, 1993

（图 24）

正模 IVPP V 10614：一不完整的骨架，包括头骨带下颌碎片，五个颈椎，六个背椎，一个完整的荐部，三个尾椎和不全的肢骨，以及许多甲板。新疆准噶尔盆地阜康三工河，中侏罗统头屯河组。

鉴别特征 同属。

评注 1992 年，董枝明在加拿大皇家泰勒古生物博物馆做访问学者时，时任北美恐龙协会主席的 Don Lessem 先生告知著名导演斯匹尔伯格（Steven Spielberg）希望以其科幻影片《侏罗纪公园》中之明星们的名字命名一恐龙，并将赞助命名者 25000 美元挖掘

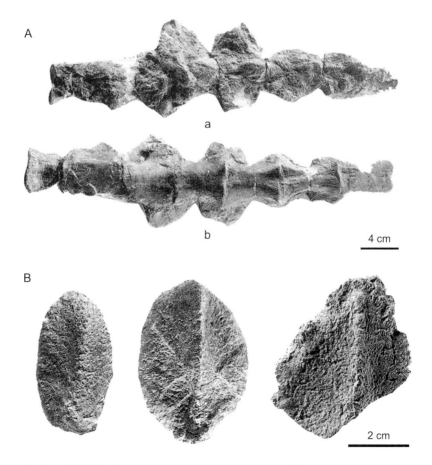

图 24 明星天池龙 *Tianchisaurus nedegoapeferima* 正模 (IVPP V 10614)
A. 荐椎：a. 背视，b. 腹视；B. 三块甲板背侧视

恐龙。董枝明选择了该片6位主要演员名字的前两个字母以代表"明星组合"构成一个词,作为天池龙的种名,中文称之为"明星"。明星天池龙是至今世界记述的最早的甲龙。

戈壁龙属 Genus *Gobisaurus* Vickaryous, Russell, Currie et Zhao, 2001

模式种 屈眼戈壁龙 *Gobisaurus domoculus* Vickaryous, Russell, Currie et Zhao, 2001

鉴别特征 大型的甲龙。眶孔占头骨长的20%,鼻孔为头骨长的23%;发育的基翼骨突与翼骨体没有完全愈合,犁骨的前颌骨突腭面可见。与 *Shamosaurus* 特征相近,但不同的是戈壁龙头骨长大于宽,眶前区缺明显纹饰,上颌齿列较短,前颌骨吻部最大宽度较末端颊齿间的间距要大。

中国已知种 仅模式种。

分布与时代 内蒙古,早白垩世晚期。

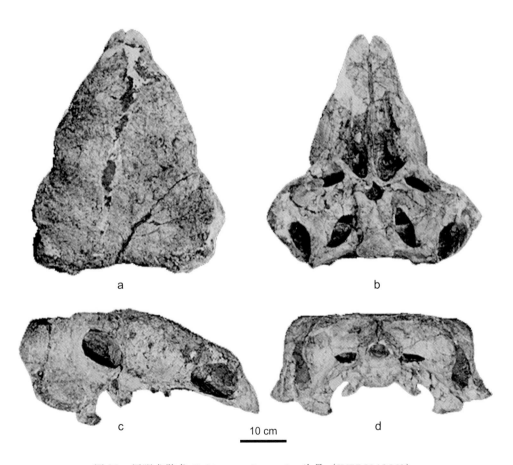

图25 屈眼戈壁龙 *Gobisaurus domoculus* 头骨 (IVPP V 12563)
a. 背视,b. 腹视,c. 右侧视,d. 后视;引自 Vickaryous et al., 2001

屈眼戈壁龙 *Gobisaurus domoculus* **Vickaryous, Russell, Currie et Zhao, 2001**

（图 25）

正模 IVPP V 12563：一个完整的头骨。内蒙古阿拉善左旗吉兰泰，下白垩统上部乌兰呼少（苏红图）组。

鉴别特征 同属。

评注 标本是中 - 苏古生物考察队 1960 年采集。原标本包括一较完好的荐椎和髂骨，但在"文革"时期遭损坏而丢失。

绘龙属 **Genus *Pinacosaurus* Gilmore, 1933**

模式种 谷氏绘龙 *Pinacosaurus grangeri* Gilmore, 1933

鉴别特征 前颌骨肿扩并在其上发育两个大而圆的附加孔，称副鼻孔（paranasal apertures），也称腺孔（gland openings）；方骨髁处于下颞孔的后下方；髋臼前突强烈外偏；前足五指。

中国已知种 *Pinacosaurus grangeri* Gilmore, 1933，*P. mephistocephalus* Godefroit, Pereda Suberbiola, Li et Dong, 1999。

分布与时代 中国（山东和内蒙古）、蒙古，晚白垩世。

谷氏绘龙 *Pinacosaurus grangeri* **Gilmore, 1933**

（图 26）

Pinacosaurus ningshiensis：Young, 1935b

正模 AMNH 6523：不完整的头骨，一块颈椎和几块甲片。蒙古巴音扎克（Bayn Dzak），上白垩统牙道赫特组（Djadokhta Formation）。

归入标本 ZPAL MgD-IIIl：一近乎完整的幼年个体（Maryańska, 1971, 1977；Coombs et Maryańska, 1990）。MEUU R264：荐椎，并带有完整的右髂骨；IVPP V 16853, V 16854：较完整幼年个体化石。

鉴别特征 中等大小的甲龙，体长约 5 m。头骨扁平，在成年个体中头长大于头宽；喙部略宽于末端颊齿间的距离；方骨没有与副枕骨突愈合；大部吻区和鼻孔部有骨板覆盖，但前颌骨的喙部没有膜质骨覆盖；眶上区有明显角状骨突，大部分由眶上骨形成；头骨后外侧有角状骨棘；肩部有联合的骨板，有尾锤。

产地与层位　蒙古，上白垩统牙道赫特组；中国内蒙古乌拉特后旗，上白垩统乌兰苏海（巴音满都乎）组；中国山东，上白垩统王氏群。

评注　1935年，杨钟健研究了中-瑞西北科学考察团袁复礼采自宁夏（现内蒙古阿拉善盟）的一甲龙化石。化石标本包括上、下颌，23个脊椎，肩胛骨，肱骨，腰带，后肢和甲板，命名为宁夏绘龙（*Pinacosaurus ningshiensis* Young, 1935），现被指为谷氏绘龙的同物异名（Maryańska, 1971）。1988年，中-加恐龙计划（CCDP）考察队在内蒙古乌拉特后旗巴音满都乎一个化石坑中采集到若干保存完好的绘龙幼年个体化石骨骼，验证了甲龙类可能是营群居生活的动物的假说。1995年，Buffetaut和Tong在乌普萨拉大学查看了维曼研究的早年采自山东莱阳王氏群的恐龙化石，从中鉴定出一带有完整右髂骨的甲龙荐椎，指出该标本应归于绘龙（*Pinacosaurus*）；莱阳产出的这件绘龙腰带标本是中国第一件甲龙化石。

图26　谷氏绘龙 *Pinacosaurus grangeri* 幼年个体骨架
A. IVPP V 16853；B. IVPP V 16854

魔头绘龙 *Pinacosaurus mephistocephalus* Godefroit, Pereda Suberbiola, Li et Dong, 1999

（图 27）

正模　IMM 96BM3/1：一近完整骨架，带有颈骨板和尾锤。内蒙古乌拉特后旗巴音满都乎，上白垩统乌兰苏海组。

鉴别特征　两对小的前颌孔通向前颌骨窦腔（premaxillary sinuses），副鼻孔开孔向前，外鼻孔只能在背面看到，眶孔圆，面向侧面。前颌骨没有后背突插入上颌骨和鼻骨之间，泪骨方形，顶骨比额骨短，眶后骨的额顶骨突宽，有深的额顶骨凹。肩胛骨短粗，有发育的肩峰突，肱骨有发育的三角肌嵴，桡骨近端扩展。

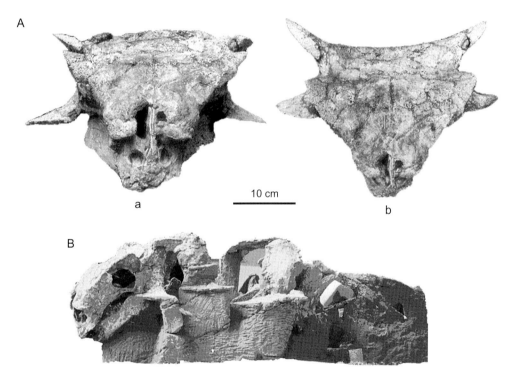

图 27　魔头绘龙 *Pinacosaurus mephistocephalus* 正模 (IMM 96BM3/1)
A. 头骨：a. 前视，b. 背视，引自 Godefroit et al., 1999；B. 骨架右前侧视

天镇龙属 Genus *Tianzhenosaurus* Pang et Cheng, 1998

模式种　杨氏天镇龙 *Tianzhenosaurus youngi* Pang et Cheng, 1998

鉴别特征　头骨低平呈三角形，两只粗状鳞骨角突（squamosal horns）向外后侧伸出，

有较大的不规则的骨板覆盖头顶。与 *Saichania* 和 *Pinacosaurus* 的不同是喙部较长。

中国已知种　仅模式种。

分布与时代　山西，晚白垩世。

杨氏天镇龙 *Tianzhenosaurus youngi* Pang et Cheng, 1998

（图 28）

Shanxia tianzhenensis：Barrett et al., 1998

正模　HBV 10001：一完整的头骨。山西天镇赵家沟，上白垩统灰泉堡组。

副模　HBV 10002：一块不完整的右下颌支；HBV 10003：一近完好的头后骨骼。

归入标本　IVPP V 11276：一不完整骨架带有部分头骨，多块头后骨。

鉴别特征　同属。

产地与层位　山西天镇赵家沟，上白垩统灰泉堡组。

评注　杨氏天镇龙和天镇山西龙（*Shanxia tianzhenensis* Barrett et al., 1998）产自同一层位、同一地点，除头骨大小和鳞骨角突粗细不同外，其他特征都类同，后者应是杨氏天镇龙的同物异名。

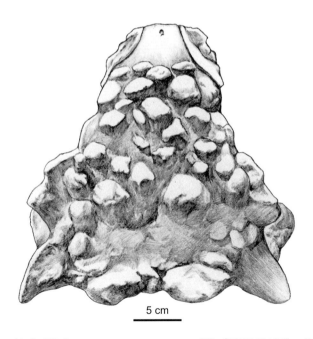

5 cm

图 28　杨氏天镇龙 *Tianzhenosaurus youngi* 正模（HBV 10001），头骨背视

克氏龙属 Genus *Crichtonsaurus* Dong, 2002

模式种 步氏克氏龙 *Crichtonsaurus bohlini* Dong, 2002

鉴别特征 中等大小的甲龙，体长可达 5 m。头骨宽约为长的85%，副枕骨突与方骨愈合。牙齿较小，齿冠中嵴不发育，前后侧对称，且每侧边缘着生 4–5 个边缘锯齿，齿环发育不全。背椎近双平型，背椎横突与神经棘夹角约50°。三角肌嵴长度占肱骨长的44%，肱骨与股骨长之比为 0.7：1，股骨与胫骨长之比为 1.1：1。

中国已知种 仅模式种。

分布与时代 辽宁，晚白垩世早期。

步氏克氏龙 *Crichtonsaurus bohlini* Dong, 2002

（图 29）

Crichtonsaurus benxiensis：Lü, 2007a

正模 IVPP V 12745：一段有三枚牙齿的齿骨。辽宁北票双庙，上白垩统下部孙家湾组。

副模 IVPP V 12746：两个颈椎，一个背椎和一破碎的甲板；LPM 101：颈椎，背椎，一不全荐部，一段相关联的尾椎，肩带和部分前肢，后肢和后足，几块膜质骨板。

归入标本 BXGM V0012：一完整的头骨；BXGM V0012-1：一具缺失头骨的骨架。

鉴别特征 同属。

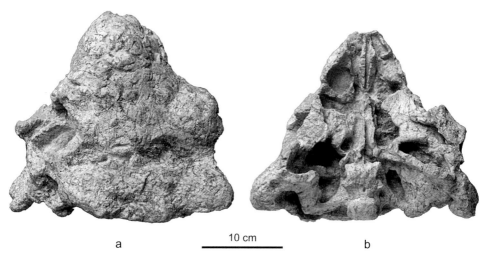

a   10 cm   b

图 29 步氏克氏龙 *Crichtonsaurus bohlini* 头骨（BXGM V0012）
a. 背视，b. 腹视

产地与层位　辽宁北票双庙，上白垩统下部孙家湾组。

评注　本溪种和步氏种采自同一化石坑中。相对于步氏种，本溪种个体较大，肩胛乌喙骨愈合，肱骨三角肌嵴侧缘较直。这些特征的不同应为个体发育的不同阶段所致。因此，本溪种可视为步氏种的同物异名。

新鸟臀类 NEORNITHISCHIA

定义与分类　新鸟臀类（Neornithischia Cooper, 1985）是包含角足类（Cerapoda Cooper, 1985 *sensu* Barrett et al., 2005）（如沃克副栉龙 *Parasaurolophus walkeri* Parks, 1922 或粗糙三角龙 *Triceratops horridus* Marsh, 1889）而非有甲类（Thyreophora Sereno, 1986）（如狭窄剑龙 *Stegosaurus stenops* Marsh, 1887 或大腹甲龙 *Ankylosaurus magniventris* Brown, 1908）的最大包容分支。其基干类群包括新鸟臀类分化为角足类之前的所有类群。角足类是包含鸟脚类（如沃克副栉龙 *Parasaurolophus walkeri* Parks, 1922）和边头类 [如粗糙三角龙 *Triceratops horridus* Marsh, 1889 或怀俄明肿头龙 *Pachycephalosaurus wyomingensis*（Gilmore, 1931）Brown et Schlaikjer, 1943] 的最小包容分支。

形态特征　副枕骨突远端下垂向腹向延伸，前齿骨吻端背视尖嘴状，下颌冠状突发育，下颌外孔封闭，每侧前颌骨 5 枚牙齿，肱骨明显长于肩胛骨，髂骨耻骨柄缩小、短于坐骨柄，坐骨闭孔突（obturator process of ischium）存在及耻骨前突发育。

分布与时代　已知基干新鸟臀类并不多，主要包括发现于非洲早侏罗世的两个属，我国四川自贡大山铺中侏罗世的三个属及北美晚侏罗世的一个属。

灵龙属 Genus *Agilisaurus* Peng, 1990

模式种　劳氏灵龙 *Agilisaurus louderbacki* Peng, 1990

鉴别特征　体长约 1 m 的小型基干新鸟臀类。头骨短而高；眶前部为头骨长度的 1/2；鼻骨中央缝合处有纵凹；前颌骨上升支不与泪骨相接；上颌骨眶前窝之前的上升突上存在一湾形凹坑；上颌骨和齿骨侧面凹颊明显发育；额骨的眶缘部分存在一些低的斜向延伸的嵴；眼睑骨特别发育，纵跨整个眶孔，将眼眶分隔成上下两个开孔；下颌冠状突高；前颌齿与吻端的三枚下颌齿相咬合；吻端的下颌齿锥形，与前颌齿相似；尾部占体长的一半多；肩胛骨为肱骨长的 84%；髂骨上髋臼嵴发育；股骨第四转子基部外侧存在一滋养孔；胫骨为股骨长的 104%，第三蹠骨为股骨长的 52%。

中国已知种　仅模式种。

分布与时代　四川，中侏罗世。

评注　灵龙是彭光照（1990）根据四川自贡大山铺恐龙坑发现的一具完整骨架而

建立的一个属，被归在法布劳龙科（Fabrosauridae）中（彭光照，1992；Peng, 1997；Knoll, 1999；彭光照等，2005）。由于法布劳龙科的有效性存在质疑，有的学者（Sereno, 1997；Norman, 1998）把灵龙归入棱齿龙科（Hypsilophodontidae）。Sereno（1997）将灵龙列为盐都龙的一个同物异名。Norman 等（2004a）则将它归入真鸟脚类（Euornithopoda；同本志书中鸟脚类），并认为是最基干的真鸟脚类。Barrett 等（2005）认为灵龙是更为基干的鸟臀类，并把它看作位置不明的凹颊类。Xu 等（2006）根据对隐龙（*Yinlong*）的研

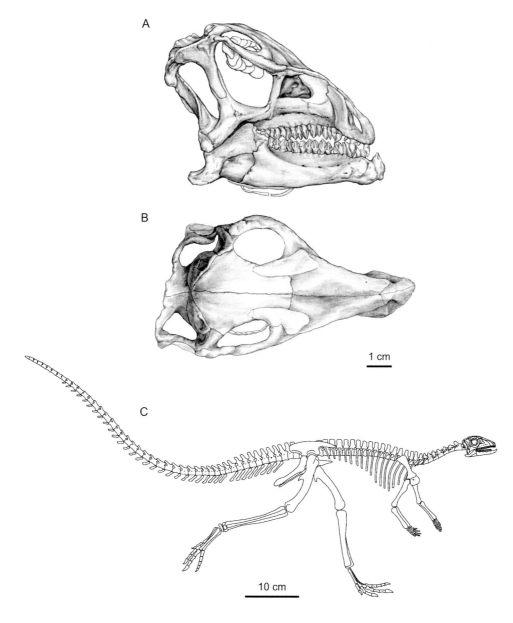

图 30　劳氏灵龙 *Agilisaurus louderbacki* 正模（ZDM 6011）

A. 头骨带下颌右侧视；B. 头骨带下颌背视；C. 骨架复原线条图

究认为灵龙是边头类的一个最早分支。最近的分支系统分析表明灵龙是一个基干的新鸟臀类（Butler et al., 2007, 2008；Butler et Sullivan, 2009）。

劳氏灵龙 *Agilisaurus louderbacki* Peng, 1990
（图 30）

Yandusaurus louderbacki：Sereno, 1997, p. 448

正模 ZDM 6011：一具完整率 90% 以上的骨架，仅缺失部分左前肢和左后肢。四川自贡大山铺，中侏罗统下沙溪庙组。

鉴别特征 同属。

评注 劳氏灵龙是灵龙的模式种。彭光照（1990, 1992）列举了一系列劳氏种的鉴定特征，但其中大多数是鸟臀类的共有祖征，或在鸟臀类基干类群中广泛存在。Barrett 等（2005）经过对比研究，对劳氏灵龙的鉴定特征进行了修订，除原来彭光照提供的两个特征（眼睑骨纵跨整个眼眶和前颌齿与吻端的三枚下颌齿相咬合）被认为是自有裔征外，另补充了三个自有裔征：上颌骨眶前窝之前的上升突上存在一湾形凹坑；额骨的眶缘部分存在一些低的斜向延伸的嵴；吻端的下颌齿锥形，与前颌齿相似。

何信禄龙属 Genus *Hexinlusaurus* Barrett, Butler et Knoll, 2005

模式种 多齿何信禄龙 *Hexinlusaurus multidens* （He et Cai, 1983） Barrett, Butler et Knoll, 2005

鉴别特征 小型基干新鸟臀类，以眶后骨侧面存在一个明显的凹坑这个唯一自有裔征区别于其他新鸟臀类基干类群。除了自有裔征之外，何信禄龙的上颌骨相当低，呈三角形，泪骨与上颌骨的接触将轭骨排挤出眶前窝，前额骨窄，呈新月形；上颌齿的舌侧面具有微弱的纵嵴，每侧上颌齿数达 18 枚，齿冠无磨蚀面，纵嵴数很少，内外侧的釉质层分布均匀，只有 6–7 个边缘锯齿。肱骨与股骨长度之比为 0.65–0.70，而尺骨与肱骨长度之比仅为 0.65–0.68；髂骨后突的短隔板向内转折，以至从侧面不能完全看到，棒状的耻骨前突相当长，前端超出了髂骨前突，坐骨基本不扭转，仅远端相接；胫骨与股骨长度之比达 1.16–1.18。此外，何信禄龙的上颌齿具有几个纵嵴，肱骨近端明显内弯，肱骨、胫骨和第三蹠骨与股骨长度之比率，股骨第四转子下垂状等特征区别于大山铺晓龙。何信禄龙的肱骨明显比肩胛骨长，与鸿鹤盐都龙相区别。

中国已知种 仅模式种。

分布与时代 四川，中侏罗世。

评注　何信禄龙是 Barrett 等（2005）根据自贡大山铺恐龙化石坑出土的多齿盐都龙（*Yandusaurus multidens*）重建的一个属。他们认为原来何信禄和蔡开基（1983）命名的多齿盐都龙既不与鸿鹤盐都龙同属，也不与其他基干鸟臀类同属，应独立成一个属。尽管 Knoll（1999）为多齿盐都龙重新取了个属名叫原盐都龙（*Proyandusaurus*），但他既没有给出任何理由，也没有归纳出此属的鉴定特征，因而是无效的。多齿盐都龙（多齿何信禄龙）最初被归在棱齿龙科中。彭光照（1992）和彭光照等（2005）将多齿盐都龙转入灵龙属中作为一种，因而其分类位置也随之转入法布劳龙科。Barrett 等（2005）认为何信禄龙不是基干的真鸟脚类（"棱齿龙类"），而是更为基干的鸟臀类，并把它看作位置不明的凹颊类。Butler 等（2007）、Butler 和 Sullivan（2009）则将何信禄龙置于新鸟臀类的基干位置，并认为它比灵龙进步。

多齿何信禄龙 *Hexinlusaurus multidens* (He et Cai, 1983) Barrett, Butler et Knoll, 2005

（图 31）

Yandusaurus multidens：何信禄、蔡开基，1983，5 页；何信禄、蔡开基，1988，4 页

Agilisaurus multidens：彭光照，1992，49 页；彭光照等，2005，106 页

Othnielia multidens：Paul, 1996, p. 75

正模　ZDM 6001：一具近乎完整的关联骨架，包括头骨带部分下颌，荐前椎，荐椎，前部 14 个尾椎及大部分肢带骨骼。四川自贡大山铺，中侏罗统下沙溪庙组。

副模　ZDM 6002：一不完整的、各部骨骼已散开的个体，包括基本完整的上、下齿列。四川自贡大山铺，中侏罗统下沙溪庙组。

鉴别特征　同属。

评注　盐都龙一属是何信禄 1979 年依据产自自贡地区上侏罗统上沙溪庙组中一具不完整的小型鸟臀类骨架建立的。多齿盐都龙是何信禄和蔡开基（1983）根据自贡大山铺恐龙化石坑发现的材料以简报形式命名的一个种，1988 年，何信禄和蔡开基进行了详细描述。最初何信禄等认为它与自贡伍家坝出土的上沙溪庙组的鸿鹤盐都龙为同一属。Sues 和 Norman（1990）以及 Weishampel 和 Heinrich（1992）将多齿盐都龙指为鸿鹤盐都龙的一个晚出异名。Dong（1992）则认为多齿盐都龙是大山铺晓龙的一个晚出异名。但这些学者没有提供特征证据来支持他们的观点。Carpenter（1994）赞同多齿盐都龙与大山铺晓龙是同物异名的观点，并根据与北美 *Dryosaurus* 的对比，认为两者的差异是个体差异而不是种间差异。Paul（1996）认为多齿盐都龙应归入 *Othnielia* 属中（*O. multidens*）。彭光照（1992）、彭光照等（2005）在记述劳氏灵龙标本时认为，多齿

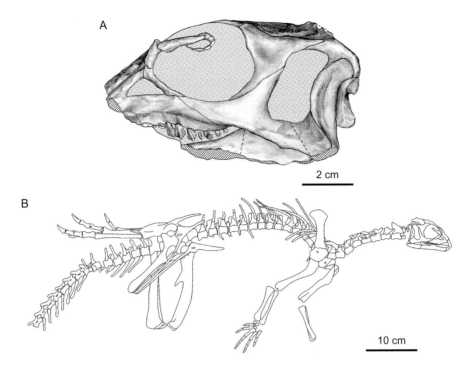

图 31　多齿何信禄龙 *Hexinlusaurus multidens*

A. 头骨带部分下颌左侧视（ZDM6001）；B. 骨架线条图

盐都龙不与鸿鹤盐都龙同属，而依据与同一地点相同层位发现的劳氏灵龙的相似特征，把多齿盐都龙归入灵龙属中，成为灵龙的一个种——多齿灵龙（*A. multidens*）。Sues 和 Norman（1990）、Weishampel 等（2004b）接受了多齿灵龙的观点。然而，Barrett 等（2005）重新研究了 ZDM 6001 号标本，认为多齿盐都龙既不与鸿鹤盐都龙同属，也不与灵龙同属，建议另建一属——何信禄龙，多齿种因而成为何信禄龙的模式种。

晓龙属 Genus *Xiaosaurus* Dong et Tang, 1983

模式种　大山铺晓龙 *Xiaosaurus dashanpensis* Dong et Tang, 1983

鉴别特征　小型基干新鸟臀类。具有一个区别于其他所有鸟臀类基干类群的自有裔征：肱骨近端直，缺少其他基干鸟臀类所具有的内弯。此外，晓龙的上颌齿唇侧和舌侧面无明显的嵴，肱骨相对较长，肱骨与股骨长度之比为 0.79，股骨第四转子短和呈刀刃状等特征，区别于同一地点相同层位出土的劳氏灵龙和多齿何信禄龙。

中国已知种　仅模式种。

分布与时代　四川，中侏罗世。

评注　晓龙是董枝明和唐治路（1983）建立的一个属。由于模式种也是唯一种，因此晓龙所知的材料有限而且零散，鉴定特征不明确，其有效性或系统位置有所争议。最初晓龙被归在法布劳龙科中，后来有的学者认为晓龙的有效性可疑（Weishampel et Witmer, 1990；Sereno, 1991；Norman et al., 2004a）。Barrett 等（2005）在重新对比研究了自贡地区发现的几个原始鸟臀类后认为，尽管董枝明和唐治路（1983）所列举的鉴定特征都是鸟臀类的共有祖征，不能支持该类群的有效性，但直的肱骨近端有别于所有其他基干鸟臀类，可作为晓龙的自有裔征，加上齿骨和头后骨骼上一些区别于大山铺其他几个基干鸟臀类的特征，建议接受晓龙为一个有效属，置于鸟臀类中，但系统位置不明。

大山铺晓龙 *Xiaosaurus dashanpensis* Dong et Tang, 1983

（图 32）

正模　IVPP V 6730A，一小块残破的上颌骨，一枚完整的上颌齿，两个颈椎，四个尾椎，左肱骨和完整的右后肢。四川自贡大山铺，中侏罗统下沙溪庙组。

归入标本　IVPP V 6730B：两枚牙齿，一个背椎，两个荐椎，一根肋骨，右股骨和趾骨；ZDM 6015：一近完整的左肱骨。

鉴别特征　同属。

产地与层位　四川自贡大山铺，中侏罗统下沙溪庙组。

评注　彭光照等（2005）根据肱骨近端直这一特征将 ZDM 6015（一左肱骨）归入该种。

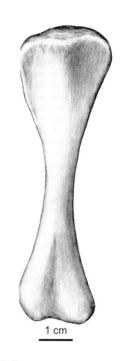

1 cm

图 32　大山铺晓龙 *Xiaosaurus dashanpensis* 正模（IVPP V 6730A），左肱骨后视

鸟脚类 ORNITHOPODA Marsh, 1881

定义与分类　鸟脚类（Ornithopoda Marsh, 1881）是包含沃克副栉龙（*Parasaurolophus walkeri* Parks, 1922）而非粗糙三角龙（*Triceratops horridus* Marsh, 1889）或怀俄明肿头龙 [*Pachycephalosaurus wyomingensis* (Gilmore, 1931) Brown et Schlaikjer, 1943] 的最大包容分支。鸟脚类是边头类（Marginocephalia Sereno, 1986）的姐妹群，它又包括若干小型基干类群和

包含鸭嘴龙科在内的中—大型禽龙类（Iguanodontia）。小型的基干鸟脚类曾被认为可以构成一单系类群，归入棱齿龙科（Hypsilophodontidae）（Milner et al., 1984；Sereno, 1984, 1986, 1997；Sues et Norman, 1990；Weishampel et Heinrich, 1992）。但最新研究表明，它们基本上代表了鸟脚类向鸭嘴龙类演化过程中的各个递进阶段（Winkler et al., 1997；Scheetz, 1999；Norman et al., 2004a；Butler et al., 2008）。

　　形态特征　鸟脚类大多以两足行走，而且具有一种特殊的侧动型咀嚼方式（pleurokinetic chewing model），也即两侧上颌骨可以同时相对于下颌齿骨向两侧移动，从而在上下颌齿系间产生咀嚼（Weishampel, 1984；Norman et Weishampel, 1985）。这样一种进步的进食方式一经发现便被广泛引证为解释鸟脚类特别是鸭嘴龙类之所以能繁盛的一个重要原因。鸟脚类还具有以下共有裔征：前颌骨腹缘低于上颌齿列，前颌骨与上颌骨交界处有一浅凹，眶前孔腹后缘由泪骨 - 上颌骨围成，而不与轭骨相连，额骨窄长，副方骨孔（paraquadratic foramen）位于方骨或方轭骨侧位，前齿骨与前颌骨长度相近，前颌齿仅相对于前齿骨，上隅骨 - 齿骨交界处上方有一小孔，上下颌齿冠纵嵴发育，尾部之轴下有骨化腱存在。

　　分布与时代　全球，中侏罗世—晚白垩世。小型基干鸟脚类在我国有 5 属 6 种，分布于晚侏罗世（四川和新疆）、早白垩世（辽宁和甘肃）以及晚白垩世（吉林）。

盐都龙属 Genus *Yandusaurus* He, 1979

　　模式种　鸿鹤盐都龙 *Yandusaurus hongheensis* He, 1979

　　鉴别特征　小型基干鸟脚类。上颌骨深，上颌齿冠有大而倾斜的磨蚀面、许多纵嵴和 10—12 个边缘锯齿，但无明显的中嵴，内外侧的釉质层不对称；中后部颈椎后关节突基部有明显的桃核状凹坑；肱骨与肩胛骨近等长。

　　中国已知种　仅模式种。

　　分布与时代　四川，晚侏罗世。

鸿鹤盐都龙 *Yandusaurus hongheensis* He, 1979

（图 33）

　　正模　CUT V20501：不完整的一个体骨架，包括右上颌骨（含 12 枚完整牙齿），左轭骨，左方骨，右外翼骨，5 个颈椎（第四、六—九颈椎），第七、八右颈肋，十多个破碎的背椎，5 个尾椎，左右肩胛骨，左右乌喙骨，左右肱骨，左右桡骨，部分掌骨和指骨，右股骨近端，左股骨远端，左胫骨近端，左右腓骨远端，不完整的蹠骨和趾骨。四川自贡鸿鹤坝金子凼，上侏罗统上沙溪庙组。

鉴别特征 同属。

评注 鸿鹤盐都龙是根据四川自贡上侏罗统上沙溪庙组出土的一部分头骨和头后骨骼材料而命名的（何信禄，1979，1984）。当初作为鉴定特征的许多特征在原始鸟脚类中普遍存在，惟有中后部颈椎后关节突基部具明显的桃核状凹坑是它的一个自有裔征。鸿鹤盐都龙上颌骨的深度、上颌齿的构造和肱骨与肩胛骨比例的不同可以与多齿何信禄龙区别。

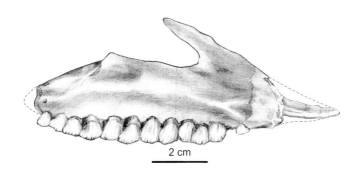

图 33　鸿鹤盐都龙 *Yandusaurus hongheensis* 正模（CUT V20501）右上颌骨外侧视

工部龙属 Genus *Gongbusaurus* Dong, Zhou et Zhang, 1983

模式种 拾遗工部龙 *Gongbusaurus shiyii* Dong, Zhou et Zhang, 1983

鉴别特征 小型基干鸟脚类。颊齿侧扁，呈叶状，齿冠之唇 - 舌侧面基本对称，中嵴发育，侧嵴不明显，前后缘的边缘锯齿呈栅状。

中国已知种 *Gongbusaurus shiyii* Dong, Zhou et Zhang, 1983，*G. wucaiwanensis* Dong, 1989。

分布与时代 四川、新疆，晚侏罗世。

评注 工部龙的模式种拾遗工部龙所依据的材料仅有 1 枚前颌齿和 1 枚颊齿，但它最大的特点是颊齿有非常明显的中嵴。董枝明（1989）将新疆准噶尔盆地所发现的几个保存较好的个体材料归入工部龙属也是基于它们的颊齿在形态特征上的相似性。工部龙最初被归入法布劳龙科（Fabrosauridae），新疆的五彩湾种发现后，董枝明（1989）根据下颌齿着生在齿骨内侧缘这一特征，将工部龙纳入棱齿龙科（Hypsilophodontidae），并被有的学者（Sues et Norman, 1990；Weishampel et Heinrich, 1992）采纳。通常情况下，仅仅依靠牙齿不足以维系一个恐龙类群的特征，因此一些学者（Weishampel et Witmer, 1990；Knoll, 1999；Norman et al., 2004a）对工部龙的名称及其两个种的归属提出不同的看法就不足为奇了。尽管目前对工部龙属的有效性和系统位置存在一些争议，但这些材料的发现至少说明中侏罗世晚期四川盆地曾生存过一类有别于 *Yandusaurus* 的小型鸟臀类恐龙，也证实在侏罗纪时四川盆地与准噶尔盆地的恐龙动物群是有联系的。

拾遗工部龙 *Gongbusaurus shiyii* Dong, Zhou et Zhang, 1983

（图 34）

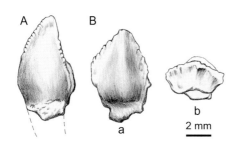

图 34 拾遗工部龙 *Gongbusaurus shiyii* 正模 (IVPP V 9069)
A. 前颌齿唇侧视；B. 上颌齿；a. 唇侧视，b. 冠视

正模 IVPP V 9069：1 枚完整的左前颌齿和 1 枚完整的颊齿。四川荣县度新乡黄桷树，上侏罗统上沙溪庙组。

鉴别特征 前颌齿冠尖，不对称，前后缘上有密集的边缘小锯齿；颊齿内外侧均有薄层的齿质，齿冠中央有一小的隆嵴，前后缘上有 6–7 个栅状的锯齿。

五彩湾工部龙 *Gongbusaurus wucaiwanensis* Dong, 1989

（图 35）

Eugongbusaurus wucaiwanensis：Knoll, 1999, p. 65

正模 IVPP V 8302：一不完整的左下颌支，3 个尾椎和部分破碎的前肢骨骼。新疆准噶尔盆地克拉美丽五彩湾，上侏罗统下部石树沟组上部。

副模 IVPP V 8303：一残缺不全的个体，包括 2 个荐椎，8 个尾椎，不完整的腰带骨骼和完整的后肢骨骼；IVPP V 8304：一残破的后足，4 个背椎和破碎尾椎。

鉴别特征 小型鸟脚类，体长约 1.5 m。下颌厚实，腹缘外侧有一粗隆，由夹板骨包绕齿骨形成，齿骨上缘向内收缩，齿列由前向后随齿骨内收而弯曲，但颊凹（buccal imargination）不明显；12–14 个下颌齿着生于齿骨咬合面之内侧，颊齿齿冠较厚实，中嵴发育，侧嵴不明显，前后缘上各有 4–5 个栅状边缘锯齿；掌骨较细长，胫骨嵴很发育，具 4 块远侧跗骨，第三蹠骨为胫骨长度的 1/2，第一蹠骨为第三蹠骨长度的 1/2，第五蹠骨退化变小，呈棒状，趾式为 2-3-4-5-0。

产地与层位 新疆准噶尔盆地克拉美丽五彩湾，上侏罗统下部石树沟组上部。

评注 五彩湾工部龙是董枝明（1989）根据新疆准噶尔盆地发现的材料而命名的。尽管原始的记述比较简略，不能辨别其自有裔征，Norman 等（2004a）还是把它看作有效的类群，只是由于工部龙的模式种仅有牙齿材料，Norman 对五彩湾种的归属表示怀疑，在属名上加了引号，指出五彩湾工部龙的牙齿与拾遗工部龙的牙齿有些相似，但前者显然是齿骨后部的一颗替换齿，不能完全与后者对比，两者的关系还有赖于更多新材料的发现。工部龙在准噶尔盆地石树沟组的发现显示出石树沟组的恐龙动物群与四川盆地上沙溪庙组产出的马门溪龙动物群有关。

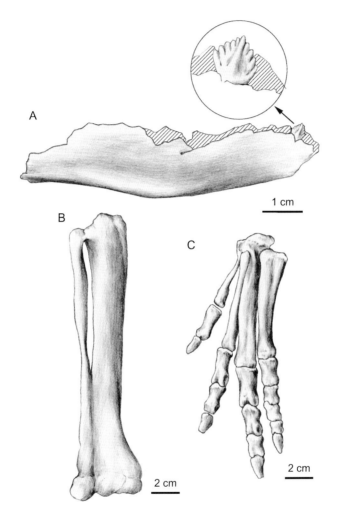

图 35 五彩湾工部龙 *Gongbusaurus wucaiwanensis*
A. 左下颌支内视（IVPP V 8302）；B. 胫腓骨、联合距骨和跟骨前视（IVPP V 8303）；C. 左后足背视（IVPP V 8304）

热河龙属 Genus *Jeholosaurus* Xu, Wang et You, 2000

模式种　上园热河龙 *Jeholosaurus shangyuanensis* Xu, Wang et You, 2000

鉴别特征　小型鸟脚类，区别于其他鸟脚类的特征是：前颌齿 6 枚，鼻骨背面存在几个小孔，方轭骨的侧面有一大的副方骨孔，眶后骨和轭骨上存在结节状突起，轭骨后突分叉；前齿骨是前颌骨主体长的 1.5 倍，无下颌外孔；股骨无前髁间沟，蹠骨不在同一平面上，第三趾的第四趾骨比同趾的其他趾骨长。

中国已知种　仅模式种。

分布与时代　辽宁，早白垩世。

评注　徐星等（2000a）在记述热河龙时认为热河龙是一原始的系统位置不明的鸟脚类，与四川中侏罗世的灵龙、晓龙和何信禄龙等可能构成一个单系类群。Butler 等（2008）认为热河龙是鸟脚类的一个成员，将其置于 *Orodromeus* 与所有更进步的鸟脚类之间一个未定的包含 *Hypsilophodon* 的多歧式分支中。Barrett 和 Han（2009）依据对热河龙头骨解剖特征的系统分析，支持将热河龙置于鸟脚类中，并认为它代表介于 *Orodromeus* 与 *Hypsilophodon* 之间的一个类群。

上园热河龙 *Jeholosaurus shangyuanensis* Xu, Wang et You, 2000
（图 36）

正模　IVPP V 12529：一个近乎完整的头骨，关联的颈椎，破碎的荐椎，关联的部分尾椎，以及两后肢。辽宁北票上园陆家屯，下白垩统义县组。

副模　IVPP V 12530：一个近乎完整的头骨，关联的颈椎。

归入标本　IVPP V 12530：一个近乎完整的头骨，关联的颈椎；IVPP V 15716：一部分头骨；IVPP V 15717：一完整头骨；IVPP V 15718：一完整头骨；IVPP V 15719：一部分骨架，包括头骨、部分脊椎、腰带和后肢。

鉴别特征　同属。

产地与层位　辽宁北票上园陆家屯，下白垩统义县组。

评注　上园热河龙是徐星等（2000a）根据采自辽宁早白垩世义县组的两件标本（正模和副模）而命名的。Barrett 和 Han（2009）在进行热河龙的头骨解剖研究时又补充描述了另外四件标本，并对上园热河龙的头骨鉴别特征进行了补充和修订。

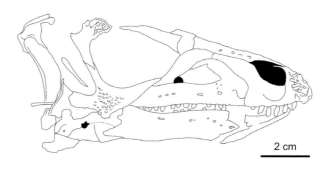

图 36　上园热河龙 *Jeholosaurus shangyuanensis*（IVPP V 15716），头骨带下颌右侧视

丝路龙属 Genus *Siluosaurus* Dong, 1997

模式种 张骞丝路龙 *Siluosaurus zhangqiani* Dong, 1997

鉴别特征 小型鸟脚类,前颌齿尖,两侧对称,齿冠高度与宽度相等,有一较长的齿根;上颌齿不对称,有明显的齿环;齿冠舌侧面较平,有6个小锯齿,形成小棱嵴,达齿冠基部,无中嵴;唇侧面略凸,有斜的纵嵴,但不达齿冠基部,存在一明显的三角形的中嵴。

中国已知种 仅模式种。

分布与时代 甘肃,早白垩世晚期。

评注 丝路龙的唯一模式种张骞丝路龙是依据仅有的两枚牙齿而命名的(Dong,1997b)。Norman 等(2004a)认为它是个可疑的鸟脚类基干类群。

张骞丝路龙 *Siluosaurus zhangqiani* Dong, 1997

(图 37)

正模 IVPP V 11117:前颌齿和上颌齿各一枚。甘肃酒泉地区公婆泉盆地,下白垩统上部新民堡群。

鉴别特征 同属。

评注 尽管张骞丝路龙化石材料很少,Dong(1997b)所列举的大多数特征为原始鸟脚类的共有祖征,但它的上颌齿舌唇侧面明显不对称,舌侧面近乎平行的小棱嵴达齿冠基部,与现知的原始鸟脚类的牙齿区别明显。

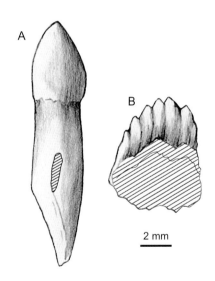

图 37 张骞丝路龙 *Siluosaurus zhangqiani* 正模 (IVPP V 11117)
A. 前颌齿唇侧视;B. 上颌齿舌侧视

长春龙属 Genus *Changchunsaurus* Zan, Chen, Jin et Li, 2005

模式种 娇小长春龙 *Changchunsaurus parvus* Zan, Chen, Jin et Li, 2005

鉴别特征 小型鸟脚类,体长约1 m。头骨低长,眶前区吻部小于头长的40%,眶前孔很小,眶孔长径约为头骨长的1/3;沿鼻骨缝合中线有一纵凹,前颌骨的后突不与泪骨相连接，前颌齿与上颌齿之间无明显的齿隙，且基本处在同一水平位上，上颌骨和齿骨上颊凹明显，眼睑骨较粗短，眶后骨腹突很短，轭骨后突不发育，呈短的刀片状，轭骨基部侧面靠眼眶后腹缘处存在一隆起的结节和许多鳞状突起，方轭骨呈三角形，方骨明显弯曲；下颌冠状突高，前齿骨长而尖，长度达下颌长度的 30%，上隅骨中部下侧面存在一小的上隅骨孔，无下颌外孔。齿式为 Pm5+M16–17/D14；前颌骨有 5 个牙齿，齿冠尖而弯，外有厚的釉质；上颌齿冠较侧扁，其上有数条小的纵嵴，有边缘小锯齿，存在舌状磨蚀面；下颌齿叶状，唇侧面有一明显上窄下宽的中嵴，两侧缘发育两条以上的次级棱，齿冠有小的边缘小锯齿，磨蚀面向颊部。

中国已知种　仅模式种。

分布与时代　吉林，晚白垩世早期。

评注　长春龙是松辽盆地白垩纪地层中首次发现的小型鸟脚类恐龙（昝淑芹等，2005）。Jin 等（2010）对长春龙的唯一种娇小长春龙做了再研究，认为它有 3 个自有裔征：两前颌骨腭面沿中线夹成一条细缝，而且在其两侧各有一孔；齿骨背侧缘在相当于最前端 3 个下颌齿的位置处增厚而且表面粗糙，形成一小斜面并延续至前齿骨；齿骨后半段背面有一向内前方延伸的沟槽，并在冠状突的内侧可见。

娇小长春龙 *Changchunsaurus parvus* Zan, Chen, Jin et Li, 2005

（图 38）

正模　JLUM L0403-j-Zn2：一带完好头骨的近完整骨架。吉林长春公主岭刘房子，上白垩统下部泉头组。

归入标本　JLUM L0204-Y-23：一对不完整的前颌骨；JLUM L0204-Y-24：一近完整的右齿骨。

鉴别特征　同属。

产地与层位　吉林长春公主岭刘房子，上白垩统下部泉头组。

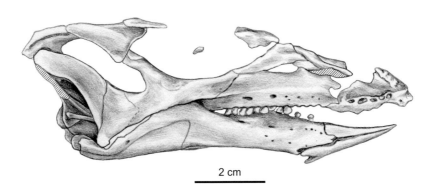

图 38　娇小长春龙 *Changchunsaurus parvus*（JLUM L0403-j-Zn2），头骨带下颌右侧视

评注　虽然娇小长春龙的正模为一近乎完整的骨架，但昝淑芹等（2005）仅对头部骨骼进行了描述，并列举了娇小长春龙头骨、下颌和牙齿的一系列原始和衍生的混合性状作为它的鉴定特征。尽管如此，娇小长春龙的眶前区小于头骨长的40%，眶前孔很小，眶后骨腹突不发育，轭骨基部侧面靠眼眶后腹缘处存在一隆起的结节和许多鳞状突起，前齿骨长达下颌长的30%，上隅骨中部下侧面存在一小的上隅骨孔（也见于 *Hypsilophodon* 和 *Gasparinisaura* 等小型鸟脚类，但孔的位置和大小有所不同）等特征明显区别于其他鸟脚类基干类群。

昝淑芹等（2003）最初曾将娇小长春龙的这批材料归入古角龙类"Archaeoceratopsidae"。Jin 等（2010）对娇小长春龙的头骨做了详尽的记述。

禽龙类　Iguanodontia

定义与分类　禽龙类（Iguanodontia Dollo, 1888）是包含沃克副栉龙（*Parasaurolophus walkeri* Parks, 1922）而非福克斯棱齿龙（*Hypsilophodon foxii* Huxley, 1869）或漠视奇异龙（*Thescelosaurus neglectus* Gilmore, 1913）的最大包容分支。在向鸭嘴龙超科演化的过程中，禽龙类依次经过了若干阶段，其相应的分类名称如下：Dryomorpha Sereno, 1986，Ankylopollexia Sereno, 1986，Styracosterna Sereno, 1986 和 Hadrosauriformes Sereno, 1987。Hadrosauriformes（鸭嘴龙形类）是包含沃克副栉龙（*Parasaurolophus walkeri* Parks, 1922）和贝尼萨尔禽龙（*Iguanodon bernissartensis* Boulenger in Beneden, 1881）的最小包容分支。本书中将鸭嘴龙形类之前的所有禽龙类归入基干禽龙类。在中国目前仅有一个基干禽龙类，即属于 Styracosterna（斧胸龙类）的巨齿兰州龙。它与鸭嘴龙形类的亲缘关系已经很近。

形态特征　体型较大，前颌骨横向扩展并且无齿，前齿骨吻端背视呈一圆滑凸起，不很尖锐，齿骨干背腹向增高，并且上下缘平行，耻骨前突内外向压缩，呈薄片状。

分布与时代　除南极外各大洲，晚侏罗世—晚白垩世。

兰州龙属　Genus *Lanzhousaurus* You, Ji et Li, 2005

模式种　巨齿兰州龙 *Lanzhousaurus magnidens* You, Ji et Li, 2005

鉴别特征　大型基干禽龙类，体长约10 m。下颌长1 m，上下颌的牙齿巨大，下颌具一排牙齿，牙齿数比较少，仅有14枚。

中国已知种　仅模式种。

分布与时代　甘肃，早白垩世早期。

评注　兰州龙是目前已知牙齿最大的植食性恐龙。分支系统分析显示兰州龙与非洲早白垩世的 *Lurdusaurus*（Taquet et Russell, 1999）关系密切。它们代表了鸟脚类恐龙演化过程中四足行走的体型笨重的一个分支。

巨齿兰州龙 *Lanzhousaurus magnidens* You, Ji et Li, 2005

（图 39）

正模 GSGM GSLTZP01-001：不完整的骨架，包括不完整的左右下颌支（前齿骨、右冠状骨和右关节骨缺失），若干离散的上颌齿和右下颌齿，完整的左下颌齿，6 个颈椎，8 个背椎，2 块胸骨，若干肋骨和 2 个耻骨。甘肃临洮中铺，下白垩统下部河口群。

鉴别特征 同属。

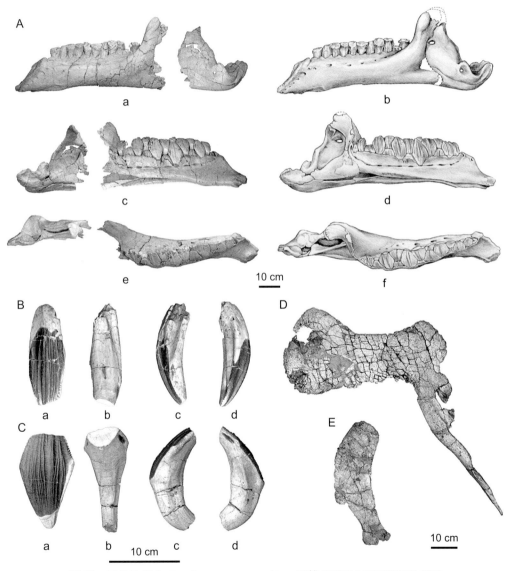

图 39 巨齿兰州龙 *Lanzhousaurus magnidens* 正模 (GSGM GSLTZP01-001)

A. 左下颌支：a, b. 侧视，c, d. 内视，e, f. 背视；B. 右上颌齿：a. 唇侧视，b. 舌侧视，c. 前视，d. 后视；
C. 右下颌齿：a. 舌侧视，b. 唇侧视，c. 后视，d. 前视；D. 左耻骨侧视；E. 右胸骨背视

鸭嘴龙超科 Superfamily Hadrosauroidea

定义与分类　鸭嘴龙超科 (Hadrosauroidea Cope, 1870) 是包含佛克鸭嘴龙 (*Hadrosaurus foulkii* Leidy, 1858) 或沃克副栉龙 (*Parasaurolophus walkeri* Parks, 1922) 而非贝尼萨尔禽龙 (*Iguanodon bernissartensis* Boulenger in Beneden, 1881) 的最大包容分支。基干鸭嘴龙超科包括非鸭嘴龙科的所有鸭嘴龙超科成员。

形态特征　前颌骨下垂，喙部与最前端牙齿间有一明显齿间隙，较发育的齿组 (dental battery)，边缘锯齿上有乳状小突，上颌齿冠较下颌齿冠窄，更似矛状，第二、三和四掌骨相互紧贴，板状耻骨前突发育，第四转子三角形，后爪钝，似蹄状。

分布与时代　北半球和非洲，白垩纪。

评注　鸭嘴龙超科是一支非常成功的植食性鸟臀类恐龙，从白垩纪早期开始到白垩纪晚期的坎潘期和马斯特里赫特期达到了鼎盛。这时期鸭嘴龙超科的地理分布几乎是世界性的；除了亚洲、欧洲、南美洲、北美洲和非洲外，在极地地区也有发现 (Horner et al., 2004；Rich et Vickers-Rich, 1989)。鸭嘴龙超科成员具有咀嚼功能很强的齿组，利于磨食植物纤维 (Weishampel, 1984)。

锦州龙属 Genus *Jinzhousaurus* Wang et Xu, 2001

模式种　杨氏锦州龙 *Jinzhousaurus yangi* Wang et Xu, 2001

鉴别特征　体长约 7 m。眶前部长，约为头骨长的 64%，无眶前孔，上颌骨三角形，其突起窄而长，泪骨缩小，呈三角形，鼻骨有一末端尖的三角形的后突叠盖在额骨上，额骨愈合，额骨存在明显的 T 形的眶后突，额骨背侧面有一个拉长的浅凹；前齿骨腹突单叶，下颌支下缘平直；蒜瓣状的牙冠上有发育的纵嵴，下颌齿 16 枚，向后增大、弯曲。

中国已知种　仅模式种。

分布与时代　辽宁，早白垩世。

杨氏锦州龙 *Jinzhousaurus yangi* Wang et Xu, 2001

（图 40）

正模　IVPP V 12691：一件保存头骨的近完整化石骨架。辽宁锦州义县头台乡白菜沟，下白垩统义县组。

鉴别特征　同属。

评注 Paul（2008）修订了杨氏锦州龙的鉴定特征。Barrett 等（2009a）重新对该骨架的头骨进行了解剖学研究，认为原来所列举的多数鉴定特征在禽龙类中分布广泛，而 Paul（2008）修订的杨氏锦州龙的鉴定特征大多是错误的。这里的鉴定特征主要依据 Barrett 等（2009a）的记述。

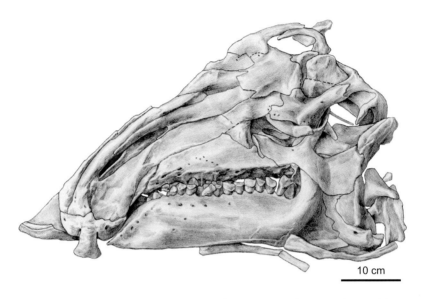

图 40 杨氏锦州龙 *Jinzhousaurus yangi*（IVPP V 12691），头骨带下颌左侧视

薄龙属 Genus *Bolong* Wu, Godefroit et Hu, 2010

模式种 义县薄龙 *Bolong yixianensis* Wu, Godefroit et Hu, 2010

鉴别特征 体长约 4 m。上颌骨与泪骨之间有一小凹坑，应为眶前孔遗痕；在眶孔之上，前额骨后部发育一前后延长的凹陷；齿骨与前齿骨关节面较低；齿骨前尖位于齿骨自下向上 1/3 高处；上颌齿齿冠主嵴向后弯曲，齿骨上有 14 个齿槽。

中国已知种 仅模式种。

分布与时代 辽宁，早白垩世。

义县薄龙 *Bolong yixianensis* Wu, Godefroit et Hu, 2010

（图 41）

正模 YZFM 001：一件保存头骨的近完整化石骨架。辽宁锦州义县头台乡白台沟村（地理坐标：41°36′6.79″ N, 121°7′43.10″ E)，下白垩统义县组。

鉴别特征 同属。

评注　薄龙和锦州龙都出自义县台头乡，但锦州龙地点为白菜沟，薄龙地点为白台沟村。吴文昊等（2010b）仅记述了薄龙的头骨，并列举了与锦州龙的若干区别，如薄龙外鼻孔相对较大和泪骨近四边形；而锦州龙的为三角形。薄龙齿骨有 14 个齿槽；而锦州龙有 16 个。值得注意的是薄龙个体要较锦州龙为小。

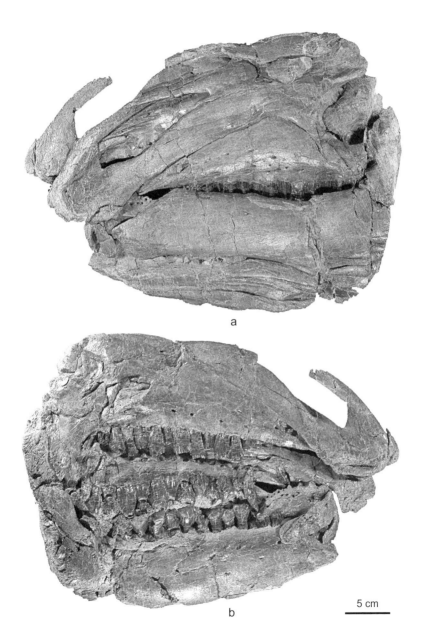

图 41　义县薄龙 *Bolong yixianensis*（YZFM 001）头骨带下颌
a. 左侧视，b. 右侧视

野鸭颌龙属 Genus *Penelopognathus* Godefroit, Li et Shang, 2005

模式种 魏氏野鸭颌龙 *Penelopognathus weishampeli* Godefroit, Li et Shang, 2005

鉴别特征 齿骨干极长，长度与中段高度之比为4.6；齿骨腹缘直；在齿骨侧面有大约20个不规则分布的小孔。野鸭颌龙的下颌齿与同在戈壁地区早白垩世发现的 *Altirhinus* 和 *Probactrosaurus* 相似，但野鸭颌龙的下颌齿显得比 *Probactrosaurus* 的原始，但比 *Altirhinus* 的进步。如与 *Altirhinus* 相比，野鸭颌龙的齿冠前后向较窄，齿冠中嵴也更靠中位；与 *Probactrosaurus* 相比，野鸭颌龙的齿冠前后较宽，齿冠上靠后侧的嵴突较长，可达顶端。

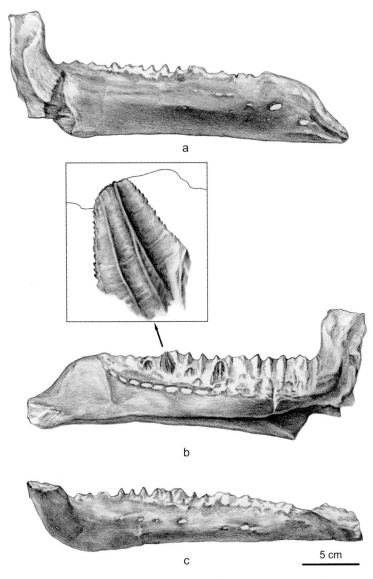

5 cm

图42 魏氏野鸭颌龙 *Penelopognathus weishampeli*（IMM 2002-BYGB-1）右下颌支
a. 侧视，b. 内视，c. 背视

中国已知种　仅模式种。

分布与时代　内蒙古，早白垩世。

魏氏野鸭颌龙 *Penelopognathus weishampeli* Godefroit, Li et Shang, 2005
（图 42）

正模　IMM 2002-BYGB-1：一右齿骨。内蒙古巴彦淖尔乌拉特后旗，下白垩统巴音戈壁组。

鉴别特征　同属。

马鬃龙属 Genus *Equijubus* You, Luo, Shubin, Witmer, Tang et Tang, 2003

模式种　诺氏马鬃龙 *Equijubus normani* You, Luo, Shubin, Witmer, Tang et Tang, 2003

鉴别特征　轭骨前突有一指状突起上伸到泪骨，泪骨有一长的前腹突处在上颌骨的背缘，下颞孔大，下颌齿冠无中嵴。

中国已知种　仅模式种。

分布与时代　甘肃，早白垩世。

诺氏马鬃龙 *Equijubus normani* You, Luo, Shubin, Witmer, Tang et Tang, 2003
（图 43）

正模　IVPP V 12534：一完好的头骨带下颌，相关联的 31 个脊椎（9 个颈椎、16 个

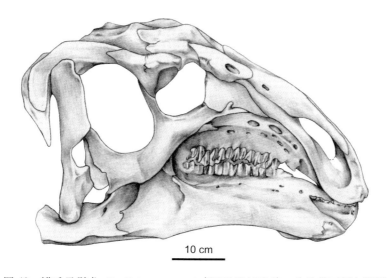

图 43　诺氏马鬃龙 *Equijubus normani*（IVPP V 12534），头骨带下颌右侧视

背椎和 6 个荐椎）和髂骨。甘肃酒泉公婆泉盆地，下白垩统新民堡群。

鉴别特征　同属。

原巴克龙属 Genus *Probactrosaurus* Rozhdestvensky, 1966

模式种　戈壁原巴克龙 *Probactrosaurus gobiensis* Rozhdestvensky, 1966

鉴别特征　体长 4–6 m。前颌骨喙缘下弯；轭骨存在小的垂向的外翼骨缝合凹；轭骨细长；上颌齿窄，具明显的中嵴，无次嵴；下颌齿窄，呈菱形，具低的向后侧分叉的中嵴，舌侧和后侧具较短而低的次嵴；高而交错的牙齿组成高的向后倾斜的齿组；下颌齿槽每个功能齿下有两个替换齿冠，边缘锯齿乳头状；肩胛骨前缘存在明显的肩峰突；肩胛片直，远端几乎不扩展；肱骨三角肌嵴低而圆；尺骨和桡骨拉长；拇指骨存在小的锥状棘；第二至第四掌骨拉长；6 个愈合的荐椎；髂骨前突拉长并近水平状前伸；耻骨前突深，远端扩展；粗壮、弯曲、具靴状突的坐骨近端存在一大的三角形的闭孔突；股骨远侧骨干弯曲；股骨远端关节髁膨大；前髁间沟部分封闭。

中国已知种　仅模式种。

分布与时代　内蒙古，早白垩世。

评注　原巴克龙生活在白垩纪晚期，是一类体型较大的两足行走的植食性恐龙。Rozhdestvensky（1966a, b）最初认为原巴克龙是介于禽龙类和鸭嘴龙科之间的一个过渡类群。Sereno（1986）则认为原巴克龙是禽龙类的祖先或姐妹群。然而近年来多数学者赞成它是基干的鸭嘴龙形类（Head, 1998；Head et Kobayashi, 2001；Norman, 2002, 2004）。

戈壁原巴克龙 *Probactrosaurus gobiensis* Rozhdestvensky, 1966

（图 44）

Probactrosaurus alashanicus：Rozhdestvensky, 1966a, b

正模　PIN 2232/1：一接近完整的骨架，包括部分头骨，7 个不完整的颈椎，6 个背椎，4 个荐椎，22 个尾椎，左右肩胛骨，左乌喙骨，右肱骨，部分左肱骨，左右尺骨，右桡骨，部分掌骨，左股骨，左胫骨，左右腓骨及部分左侧蹠骨。内蒙古阿拉善左旗吉兰泰毛儿图，下白垩统上部大水沟组。

归入标本　PIN 2232/10：部分骨架；PIN 2232/2：破碎的头骨，部分左齿骨，乌喙骨，肱骨和掌骨；PIN 2232/3-1：掌骨；PIN 2232/9-2：部分左上颌骨；PIN 2232/10：部分骨架；PIN 2232/11：部分指骨；PIN 2232/17-1：颅顶骨；PIN 2232/18：部分左齿骨，部分前肢和右股骨；PIN 2232/19-1：完整的左髂骨；PIN 2232/21-1：肱骨；PIN 2232/23：前齿骨，

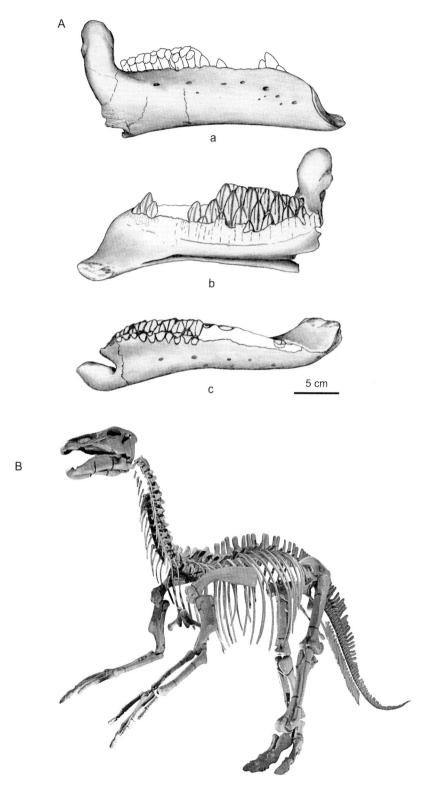

图 44 戈壁原巴克龙 *Probactrosaurus gobiensis*
A. 右下颌支（PIN 2232/42-1）：a. 侧视，b. 内视，c. 背视；B. 骨架复原装架图

2 枚带齿根的下颌齿，方骨和耻骨；PIN 2232/24-1：遭磨损的下颌齿；PIN 2232/27-3：肩胛骨；PIN 2232/29-2：完整的右坐骨；PIN 2232/32-1：左胫骨；PIN 2232/36：颅顶骨，2 块齿骨；PIN 2232/37-7：髂骨；PIN 2232/39-1：左股骨；PIN 2232/3 ?：带牙齿的左齿骨；PIN 2232/2-：掌骨和左髂骨；PIN 2232/40：尾椎和部分左侧蹠骨；PIN 2232/41：齿骨，2 块肩胛骨和不完整的左肱骨；PIN 2232/42-1：右齿骨。

鉴别特征 同属。

产地与层位 内蒙古阿拉善左旗吉兰泰毛儿图，下白垩统上部大水沟组。

评注 Rozhdestvensky（1966）在鉴定中苏联合恐龙考察队于 1959–1960 年在内蒙古阿拉善毛尔图戈壁地区所采集的鸟脚类化石材料时，同时命名了两个种：戈壁原巴克龙（*P. gobiensis*）和阿拉善原巴克龙（*P. alashanicus*）。前者依据的化石材料比较好，后者依据的化石材料比较差，包括正模（一头骨后半部）和其他材料，当时多数存放在莫斯科的古生物研究所。根据 Rozhdestvensky（1966a, b）的记述，戈壁原巴克龙的化石材料产自相对较低的层位（第一化石层），而阿拉善原巴克龙的化石材料产自相对较高的第二化石层。Rozhdestvensky（1966a, b）主要根据头顶的矢状嵴是否发育以及枕部的高低、上颞孔的宽窄、牙齿齿冠的长短、齿冠上嵴的不同、替换齿的数量和肢带骨骼的比例将两个种区别开来。Norman（2002）则认为两者在一般构造上相似，它们在骨骼上反映出来的差异一方面是由于变形造成，另一方面可能是性别和个体发育阶段的不同而造成的，它们可归于一个种，阿拉善原巴克龙是戈壁原巴克龙的一个同物异名。

据 Norman（2002）记述，只有归入阿拉善原巴克龙的部分原始材料现仍收藏在莫斯科的古生物研究所，其余则去向不明。2010 年，董枝明访问日本时，了解到曾被归入阿拉善原巴克龙的一右齿骨（PIN 2232/42-1）被日本恐龙漫画家冈田信幸（Nobuyuki Okada）先生购得。后在福井恐龙博物馆东洋一特别馆长与柴田正辉研究员的引荐下，冈田信幸先生于 2011 年 4 月 14 日将这一标本无偿归还给中国科学院古脊椎动物与古人类研究所。

南阳龙属 **Genus *Nanyangosaurus* Xu, Zhao, Lu, Huang, Li et Dong, 2000**

模式种 诸葛南阳龙 *Nanyangosaurus zhugeii* Xu, Zhao, Lu, Huang, Li et Dong, 2000

鉴别特征 第二掌骨长度超过第三和第四掌骨长度的 90%，第四掌骨最为粗壮，尤其是远端横向异常粗壮；第四指第一指节近端异常粗壮，横向宽度大于指节长度，第二蹠骨前后向长度大于第三蹠骨的。

中国已知种 仅模式种。

分布与时代 河南，早白垩世。

评注 系统分析表明南阳龙代表一类亲缘关系与鸭嘴龙超科最为接近的禽龙类恐龙。其头后骨骼形态已经相当进步，尤其是股骨远端前髁间沟呈筒状发育，这一特征同进步鸭嘴龙类。但由于缺少头骨材料，无法最终确定南阳龙是否已经演化到鸭嘴龙类这一水平，因此其暂时被归在鸭嘴龙超科之外（徐星等，2000b）。

诸葛南阳龙 *Nanyangosaurus zhugeii* Xu, Zhao, Lu, Huang, Li et Dong, 2000
（图 45）

正模 IVPP V 11821：一具不完整的骨架，包括部分背椎，完整荐椎，多数尾椎，部分坐骨和比较完整的前后肢。河南内乡夏馆镇，下白垩统上部桑坪组。

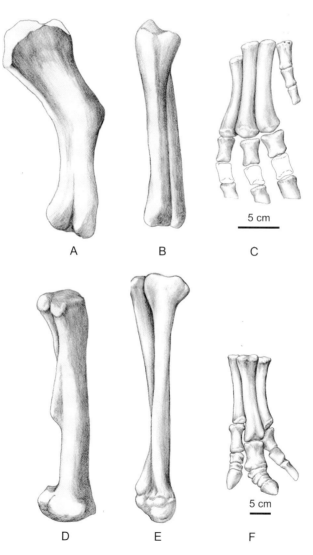

图 45 诸葛南阳龙 *Nanyangosaurus zhugeii* 正模 (IVPP V 11821)
A. 左肱骨前视；B. 左尺骨和左桡骨后视；C. 左前掌背视；D. 左股骨内视；E. 左胫骨和左腓骨内视；
F. 左后足背视

鉴别特征 同属。

评注 河南南阳盆地是我国恐龙蛋化石最丰富的地区,出土的恐龙蛋化石不计其数,而骨骼化石却非常稀少,诸葛南阳龙是该区第一个以骨骼化石建立的恐龙属种。

金塔龙属 Genus *Jintasaurus* You et Li, 2009

模式种 半月金塔龙 *Jintasaurus meniscus* You et Li, 2009

鉴别特征 半月形的副枕骨突有一个很长的下垂支,其末端位于枕髁腹缘之下。它有一个比其他基干鸭嘴龙形类更长的眶后骨鳞骨支,但与鸭嘴龙超科成员相比,它的上枕骨的枕面没有前倾,而且副枕骨突末端没有前弯。

中国已知种 仅模式种。

分布与时代 甘肃,早白垩世。

半月金塔龙 *Jintasaurus meniscus* You et Li, 2009

(图 46)

正模 GSGM GJ 06-2-52:头骨后半部,包括眶后骨、鳞骨、顶骨、额骨和脑颅。

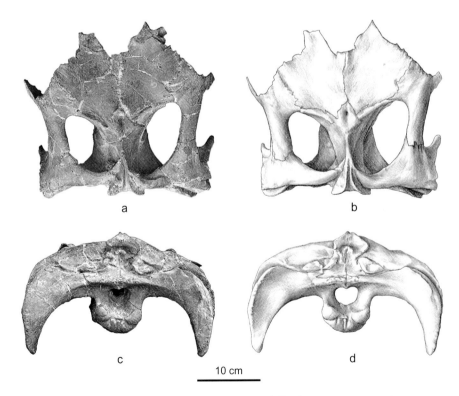

10 cm

图 46 半月金塔龙 *Jintasaurus meniscus* 头骨 (GSGM GJ 06-2-52)

a, b. 背视,c, d. 后视

甘肃酒泉俞井子盆地，下白垩统新民堡群。

鉴别特征 同属。

巴克龙属 Genus *Bactrosaurus* Gilmore, 1933

模式种 姜氏巴克龙 *Bactrosaurus johnsoni* Gilmore, 1933

鉴别特征 轭骨前突长而圆，具一拉长的上颌骨凹坑，轭骨后突相当窄，鳞骨内侧突明显向后弯；后部背神经棘高而粗壮，呈棒锤状，荐部由 7 枚荐椎组成；肩胛骨近端特别宽，长度与近端最大宽度之比小于 3.5，肱骨三角肌嵴突出呈棱角状，肱骨尺骨髁明显比桡骨髁发育；髂骨强壮，前突明显下弯；坐骨干很厚，靴状突极为扩大，耻骨短，前突宽板状，股骨侧视特别直；成年个体的爪趾厚，末端平截状。

中国已知种 仅模式种。

分布与时代 中国（内蒙古、山西）和乌兹别克斯坦，晚白垩世。

评注 Gilmore（1933）同时记述了美国自然历史博物馆中亚考察团 1922 年和 1923 年在今内蒙古二连浩特发现的鸭嘴龙类两个属种：采自 141 化石点的姜氏巴克龙和采自 145 及 149 化石点的蒙古“满洲龙”（Gilmore, 1933），后者被厘定为蒙古吉尔摩龙（Brett-Surman, 1979；Weishampel et Horner, 1986）。姜氏巴克龙骨架所显示出的兰氏龙亚科和鸭嘴龙亚科的混合特征使 Gilmore 认为这个属种是一个比较特别的平头型的兰氏龙类。这一观点得到 Steel（1969）和 Brett-Surman（1979）的支持。Rozhdestvensky（1966a, b）依据 AMNH 6365 标本额骨参与构成眼眶的背缘这一特征，将姜氏巴克龙从兰氏龙亚科转移到鸭嘴龙亚科中，同时认为蒙古“满洲龙”是姜氏巴克龙的同物异名。Maryańska 和 Osmólska（1981）指出，如果姜氏巴克龙和蒙古“满洲龙”是同物异名的话，就必须把头后骨骼剔出来。杨钟健（1958a）曾怀疑姜氏巴克龙的头骨应归谭氏龙属，141 化石点出土的材料不止一个属种。基于这种认识，Maryańska 和 Osmólska（1981）把姜氏巴克龙正模的颅后骨骼 AMNH 6553 归入兰氏龙亚科，而把头骨标本 AMNH 6365 归入鸭嘴龙亚科，作为谭氏龙未定种（*Tanius* sp.）。Weishampel 和 Horner（1986）也根据头部骨骼将 141 化石点的材料区分出两个种，与兰氏龙类密切的归姜氏巴克龙，与鸭嘴龙类密切的归蒙古吉尔摩龙，并试图证明 141 化石点发现的归入姜氏巴克龙的前额骨支持一个中空的头冠。

杨钟健（1958b）将山西左云发现的部分恐龙化石归入该种。

Godefroit 等（1998）记述了 1995 年中国 - 比利时恐龙考察队（Sino-Belgian Dinosaur Expedition）在二连浩特 SBDE 95E5 化石点新发现的一批姜氏巴克龙化石材料。此化石点距美国中亚考察团的 141 化石点很近，出土的几百件姜氏巴克龙骨骼大约有四具骨架，其中有一些骨骼是关联保存的，它们集兰氏龙亚科和鸭嘴龙亚科性状于一体的特征否定

了存在两个种的可能性，因此，又重新回到 Gilmore（1933）最初的认识：141 和 95E5
化石点所有材料归姜氏巴克龙，145 和 149 化石点的材料属蒙古吉尔摩龙。

姜氏巴克龙 *Bactrosaurus johnsoni* Gilmore, 1933

（图 47）

?*Tanius* sp.：杨钟健，1958a，111 页；Maryańska et Osmólska, 1981, p. 10

Gilmoreosaurus mongoliensis partim：Weishampel et Horner, 1986, p. 39；Weishampel et Horner, 1990,
　　p. 556

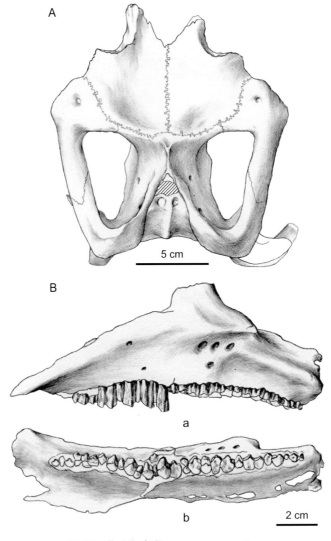

图 47　姜氏巴克龙 *Bactrosaurus johnsoni*
A. 头骨背视（AMNH 6365）；B. 左上颌骨（AMNH 6553）：a. 侧视，b. 腹视

正模　AMNH 6553：一不完整的骨架，包括上颌骨，齿骨，10 个背椎，7 个荐椎，36 个尾椎，左胸骨，左肩胛骨，两耻骨，两坐骨，左股骨，腓骨，完整的左后脚和部分右后足。内蒙古二连浩特，上白垩统二连达巴苏组。

归入标本　AMNH 6353, 6365, 6366, 6370, 6372, 6373, 6375, 6379, 6380, 6384, 6385, 6386, 6388, 6389, 6390, 6391, 6392, 6393, 6394, 6395, 6396, 6397, 6398, 6501, 6574, 6575, 6577, 6578, 6580, 6581, 6582, 6583, 6584, 6585, 6586, 6587，共计 36 件。IVPP V 967：两枚牙齿，部分尾椎，右肱骨，及部分前后足骨。中国 - 比利时恐龙考察队 1995 年获得的几百块至少属于四个大小不同个体的不关联骨骼，包括部分头骨和头后骨骼；标本现藏内蒙古博物馆。

鉴别特征　同属。

产地与层位　内蒙古二连浩特，上白垩统二连达巴苏组。

吉尔摩龙属 Genus *Gilmoreosaurus* Brett-Surman, 1979

模式种　蒙古吉尔摩龙 *Gilmoreosaurus mongoliensis*（Gilmore, 1933）Brett-Surman, 1979

鉴别特征　体型轻巧，头较长，上颌骨有 29 个齿槽，齿冠上有一中嵴，边缘锯齿不发育，颌骨比巴克龙的长；前臂长，后肢粗壮。

中国已知种　仅模式种。

分布与时代　中国（内蒙古）、乌兹别克斯坦和哈萨克斯坦，晚白垩世。

评注　Gilmore（1933）依据内蒙古二连浩特 145 和 149 两个化石点所采的标本命名满洲龙一新种——蒙古满洲龙（*Mandschurosaurus mongoliensis*）。但 Brett-Surman（1979）认为满洲龙模式种（*M. amurensis*）的正模遗失了，*M. amurensis* 应是无效的，所以 Brett-Surman（1979）新建吉尔摩龙属（*Gilmoreosaurus*）来构成二连标本的种名 *Gilmoreosaurus mongoliensis*。现在根据形态特征看来，即使满洲龙属有效，蒙古种也不应归入此属中，将其另立一新属是合理的。

蒙古吉尔摩龙 *Gilmoreosaurus mongoliensis* (Gilmore, 1933) Brett-Surman, 1979

（图 48）

Mandschurosaurus mongoliensis：Gilmore, 1933, p. 41

Bactrosaurus johnsoni：Rozhdestvensky, 1966a, b；Horner et al., 2004, p. 439

正模　AMNH 6551：两块左方骨，左泪骨，右上颌骨，右鳞骨和右轭骨。内蒙古二连浩特，上白垩统二连达巴苏组。

归入标本　AMNH 6371：至少4个成年个体的骨骼，包括较破的头骨，脊椎和四肢骨；AMNH 6369：一个前齿骨，两个肩胛骨，肱骨，尺骨，部分髂骨，两个蹠骨，四个尾椎，一个背椎，趾骨和爪骨。

鉴别特征　同属。

产地与层位　内蒙古二连浩特，上白垩统二连达巴苏组。

评注　Gilmore（1933）最初只是将 145 和 149 化石点的编号为 AMNH 6551 和 6369 的标本归入蒙古满洲龙。Brett-Surman（1979, 1989）、Weishampel 和 Horner（1986）将部分 141 化石点的标本（AMNH 6365, 6366, 6374, 6385, 6395, 6574, 6577, 6578，PIN 2549/1 和 YPM 5767）一并作了研究，厘定为新属种——蒙古吉尔摩龙。Godefroit 等（1998）依据新材料认为，所有 141 和 95E5 化石点的材料都应归姜氏巴克龙中，只有 145 和 149 化石点的材料才归蒙古吉尔摩龙。

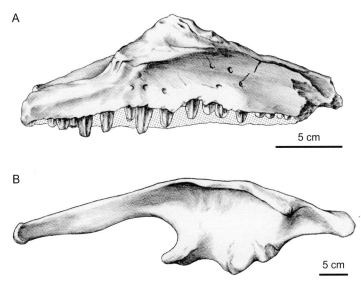

图 48　蒙古吉尔摩龙 *Gilmoreosaurus mongoliensis*
A. 右上颌骨侧视（AMNH 6551）；B. 左髂骨侧视（AMNH 6371）

谭氏龙属 Genus *Tanius* Wiman, 1929

模式种　中国谭氏龙 *Tanius sinensis* Wiman, 1929

鉴别特征　荐部由 8–10 个荐椎愈合而成，荐神经棘愈合呈板状，荐椎腹侧有腹沟。

中国已知种　*Tanius sinensis* Wiman, 1929，*T. chingkankouensis* Young, 1958。

分布与时代　山东，晚白垩世。

评注　谭氏龙及其模式种中国谭氏龙是 Wiman（1929）根据我国地质学家谭锡畴先生 1923 年在山东莱阳将军顶天桥屯所采的化石材料建立和命名的。20 世纪 50 年代，中国科学院、北京自然博物馆、山东大学等在莱阳金刚口西沟采得若干鸭嘴龙类材料，除棘鼻青岛龙外，还另命名了谭氏龙两个种：金刚口谭氏龙（*T. chingkankouensis* Young, 1958）和莱阳谭氏龙（*T. laiyangensis* Zhen, 1976）。中国谭氏龙的产出层位最初认为是王氏群的底部，后经杨钟健等野外观察确定为王氏群的中下部。金刚口谭氏龙和莱阳谭氏龙的产地与模式种的产地相距约 10 km，产出层位为王氏群上部，比模式种的层位高至少 200 m。

谭氏龙的三个种的主要区别在于荐椎的数目，荐椎腹沟的位置和深度。鸭嘴龙类的个体发育研究显示，荐椎愈合的数目与年龄的增加有关，荐椎腹沟的深浅可能反映出性别的差异。中国谭氏龙荐部由 9-10 个荐椎愈合而成，后部 4 节荐椎（第六—九荐椎）腹侧存在腹沟，与后两个种有所区别，加上层位有高低的不同，我们认为把它们看成不同的种是适宜的。但后两个种采自同一地点、相同层位，骨骼特征也无大的差别，两者很可能为同物异名。

中国谭氏龙 *Tanius sinensis* Wiman, 1929
（图 49）

正模 MEUU：一不完整的骨架，包括部分头骨、若干脊椎和部分肢带骨。山东莱阳将军顶天桥屯，上白垩统王氏群。

鉴别特征 荐部由 9-10 个荐椎愈合而成，后部 4 节荐椎（第六—九荐椎）腹侧存在腹沟。

评注 中国谭氏龙是中国第一个迄今有效的鸟臀类恐龙。材料由谭锡畴先生 1923 年所采，现存瑞典乌普萨拉大学演化博物馆。

金刚口谭氏龙 *Tanius chingkankouensis* Young, 1958
（图 50）

Tanius laiyangensis：甄朔南，1976

正模 IVPP V 724：8 个荐椎。山东莱阳金刚口西沟，上白垩统王氏群。

副模 IVPP V 726：10 个颈椎，2 个背椎，9 个荐椎，8 个尾椎和若干肢带骨。

归入标本 BMNH（无标本号）：9 个荐椎和右髂骨。

鉴别特征 荐部由 8-9 个荐椎愈合而成，最后 3-4 个荐椎存在深的腹沟；坐骨远端扩展，但尚未形成脚状突。

产地与层位 山东莱阳金刚口西沟，上白垩统王氏群。

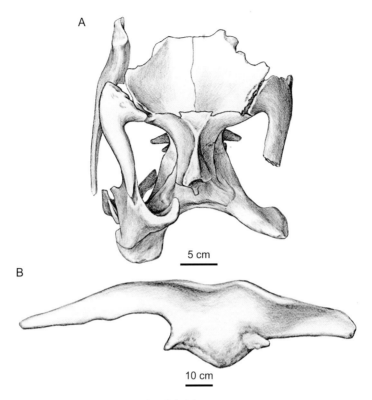

图 49　中国谭氏龙 *Tanius sinensis*
A. 头骨背视（MEUU R240）；B. 左髂骨侧视（MEUU R242）

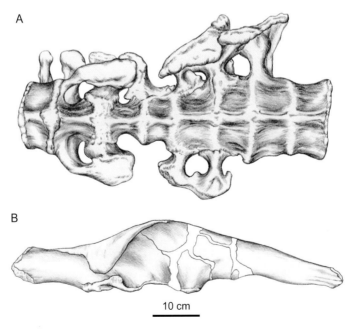

图 50　金刚口谭氏龙 *Tanius chingkankouensis*
A. 荐椎腹视（IVPP V 724）；B. 右髂骨侧视（IVPP V 726）

双庙龙属 Genus *Shuangmiaosaurus* You, Ji, Li et Li, 2003

模式种 吉氏双庙龙 *Shuangmiaosaurus gilmorei* You, Ji, Li et Li, 2003

鉴别特征 上颌骨有一平的背缘，上颌骨与轭骨的关节面为撞接型（butt-jointed），而不像在其他基干鸭嘴龙形类中那样为凹凸状关节（peg-in-socket articulation）；下颌冠状突不垂直于齿骨干；有窄的平行的 27 个齿槽；上颌齿冠拉长，呈菱形，具微弱的中嵴和带有少量乳突的边缘锯齿。

中国已知种 仅模式种。

分布与时代 辽宁，晚白垩世。

评注 Norman（2004）认为双庙龙是一基干禽龙类。

吉氏双庙龙 *Shuangmiaosaurus gilmorei* You, Ji, Li et Li, 2003

（图 51）

正模 LPM 0165：一完整左上颌骨和部分关联的前颌骨和泪骨。辽宁北票双庙，上白垩统下部孙家湾组。

副模 LPM 0166：一完整左齿骨。

鉴别特征 同属。

产地与层位 辽宁北票双庙，上白垩统下部孙家湾组。

"原巴克龙"属 Genus "*Probactrosaurus*" Lü, 1997

模式种 马鬃山"原巴克龙" "*Probactrosaurus*" *mazongshanensis* Lü, 1997

鉴别特征 上颞孔横向扩展，其宽度大于前后向长度；较宽的顶骨并在其背面中央有一前后向延伸的沟槽；枕髁较发育，而且枕髁与基枕突之间的枕颈部较长。

中国已知种 仅模式种。

分布与时代 甘肃，早白垩世。

评注 Lü（1997）将中日丝绸之路恐龙考察发现于甘肃酒泉地区公婆泉盆地下白垩统上部新民堡群中的鸭嘴龙形类化石归入原巴克龙属，并建一新种——马鬃山种。但马鬃山种是否可归入原巴克龙属一直受到质疑（Norman, 2002, 2004；You et Li, 2009；McDonald et al., 2010）。正如 Lü（1997）文中指出：马鬃山种与原巴克龙模式种（戈壁种）间有较大差异，如在马鬃山种中上颞孔横向宽度大于前后向长度，而在戈壁种中相反，在马鬃山种中顶骨背面中央有一纵沟发育，但在戈壁种中未见；而且，马鬃山种的这些特征在其他基干鸭嘴龙形类中也未见到。因此，马鬃山种应归入一尚未命名的新属

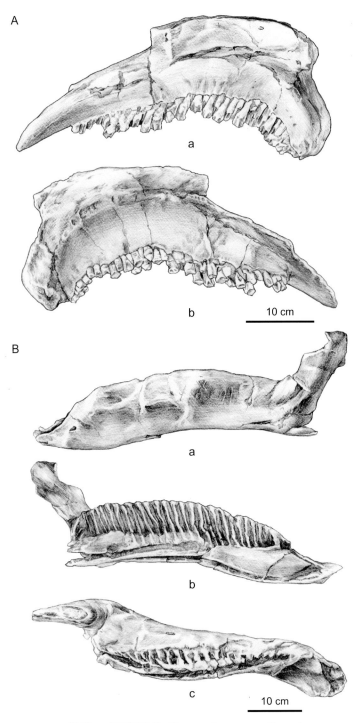

图 51　吉氏双庙龙 *Shuangmiaosaurus gilmorei*

A. 左上颌骨, 部分前颌骨和泪骨（LPM 0165）：a. 侧视, b. 内视；B. 左齿骨（LPM 0166）：a. 侧视,

b. 内视, c. 背视

（Carpenter et Ishida, 2010）。

马鬃山"原巴克龙"*"Probactrosaurus" mazongshanensis* Lü, 1997
（图 52）

?*Probactrosaurus mazongshanensis*：Norman, 2002, 2004

"Probactrosaurus" mazongshanensis：You et Li, 2009；Carpenter et Ishida, 2010；McDonald et al., 2010

正模　IVPP V 11333，不完整头骨的后部。甘肃酒泉公婆泉盆地，下白垩统新民堡群。

副模　IVPP V 11334，2 枚近乎完整的上颌齿，4 枚下颌齿，部分左方骨，4 个颈椎，第二背椎，近乎完整的荐椎，2 个尾椎，完整的左肩胛骨，部分左肱骨，左髂骨的前突部分，右髂骨的后部，部分左右耻骨，近端缺失的右股骨。

鉴别特征　同属。

产地与层位　甘肃酒泉公婆泉盆地，下白垩统新民堡群。

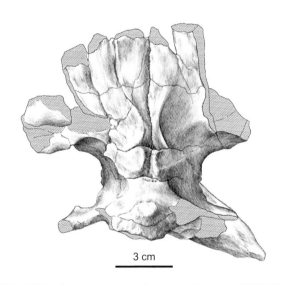

3 cm

图 52　马鬃山"原巴克龙"*"Probactrosaurus" mazongshanensis*（IVPP V 11333），头骨背视

鸭嘴龙亚科 Subfamily Hadrosaurinae Lambe, 1918

定义与分类　鸭嘴龙亚科是包含奥斯朋栉龙（*Saurolophus osborni* Brown, 1912）或加拿大短冠龙（*Brachylophosaurus canadensis* Sternberg, 1953）而非沃克副栉龙（*Parasaurolophus walkeri* Parks, 1922）或鹤鸵盔头龙（*Corythosaurus casuarius* Brown, 1914）的最大包容分支。它是兰氏龙亚科的姐妹群，而包含鸭嘴龙亚科和兰氏龙亚科的最小包容分支构成鸭嘴龙科。

鉴别特征　鸭嘴龙亚科是平头或具有实心头饰的鸭嘴龙。环鼻孔凹陷不很发育，上颌骨侧视近等腰三角形，上颌骨的轭骨关节面呈不规则菱形，顶骨相对较长；下颌齿槽数不少于 30 个，且每个齿槽至少有 4 个牙齿；肱骨三角肌嵴向前外侧和腹侧扩展，坐骨远端尖灭。

中国已知属　*Shantungosaurus* Hu, 1973，*Microhadrosaurus* Dong, 1979，*Wulagasaurus* Godefroit, Hai, Yu et Lauters, 2008，共三属。

分布与时代　东亚和北美，晚白垩世。

山东龙属 Genus *Shantungosaurus* Hu, 1973

模式种　巨型山东龙 *Shantungosaurus giganteus* Hu, 1973

鉴别特征　大型的平头鸭嘴龙，长近达 15 m。头骨长（约 1.6 m），低而窄，外鼻孔大，长椭圆形，下颞孔前后向非常窄，额骨背面明显凹陷，方骨直；下颌长，下颌齿列位于齿骨中后部，有 60–63 个齿槽；荐部由 10 个荐椎愈合而成，其中 7–10 荐椎体腹面有腹沟；肱骨三角肌嵴特别突出，髂骨前突基部拱曲明显，股骨第四转子非常发育。

中国已知种　仅模式种。

分布与时代　山东、陕西，晚白垩世。

巨型山东龙 *Shantungosaurus giganteus* Hu, 1973

（图 53）

Zhuchengosaurus maximus：赵喜进等，2007

正模　GMC V1780：一个不完整的头骨（包括编号为 V1780-1 的颅部骨骼和编号为 V1780-2 的左方骨、左右上颌骨、左前颌骨、左下颌支后部、右下颌支、前齿骨）和综合装架的头后骨骼（V1780-2）。山东诸城吕标镇库沟村龙骨涧，上白垩统王氏群下部辛格庄组。

归入标本　赵喜进等(2007)根据一综合装架骨架记述的标本保存于诸城恐龙博物馆。

鉴别特征　同属。

产地与层位　山东诸城吕标镇库沟村，上白垩统王氏群下部辛格庄组。

评注　1964 年 8 月地质部第一普查大队在山东诸城吕标镇库沟村龙骨涧发现一大型鸭嘴龙的胫骨。1964 年 10 月至 1968 年 5 月，地质部第一普查大队、中国地质科学院地质研究所和中国地质博物馆共同组成采集队，先后四次 (1964 年 10 月，1965 年 4 月，1966 年 5 月和 1968 年 5 月) 对该化石坑进行了发掘，获得化石 224 箱，近 30 吨，包括十多个大小不同的个体材料，经整理复原，组装成四具综合骨架，分别保存在中国地质博物馆等处。1973年胡承志对这批标本进行了初步研究，命名为巨型山东龙。2001年，胡承志等对保存在中国地质博物馆的化石材料进行了详细描述，专刊发表（胡承志等，2001）。

赵喜进等（2007）对诸城恐龙博物馆陈列的一具骨架作了记述，命名为巨大诸城龙（*Zhuchengosaurus maximus*）。与巨型山东龙相比，巨大诸城龙的主要特点是个体大，有15个颈椎，荐椎9个，腹沟不明显。巨大诸城龙与巨型山东龙采自同一化石坑，该化石坑出土的鸭嘴龙个体多达数十个，化石保存散乱，记述的巨大诸城龙为一综合骨架。巨型山东龙与巨大诸城龙各部骨骼的形态、构造特征基本相同，季燕南（2010）认为巨大诸城龙应视为巨型山东龙的同物异名。

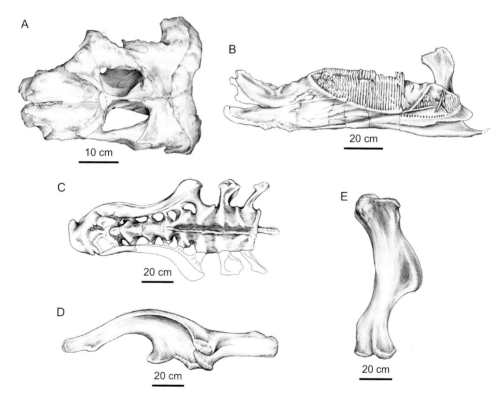

图 53 巨型山东龙 *Shantungosaurus giganteus* (GMC V1780)
A. 头骨背视；B. 右下颌支内视；C. 荐部背视；D. 左髂骨侧视；E. 右肱骨外侧视

巨型山东龙相似种 *Shantungosaurus* cf. *giganteus* Xue, Zhang, Bi, Yue et Chen, 1996

标本 NWU V1114.1–1114.15：零散保存不全牙齿，不完整背椎一个，前部尾椎两个，部分肩胛骨和乌喙骨，右肱骨，左股骨，右胫骨骨干，右腓骨近半段及若干破碎骨块。

陕西山阳五家沟，上白垩统山阳组上段。

鉴别特征 肱骨三角肌嵴较巨型种更发育，且末端有弯钩。

评注 本种肱骨长90 cm，较巨型种略小。

小鸭嘴龙属 Genus *Microhadrosaurus* Dong, 1979

模式种 南雄小鸭嘴龙 *Microhadrosaurus nanshiungensis* Dong, 1979

鉴别特征 小型鸭嘴龙类，下颌上下缘平直，齿槽纵直，齿槽不超过45个，下颌冠状突与齿骨大体垂直。

中国已知种 仅模式种。

分布与时代 广东，晚白垩世。

南雄小鸭嘴龙 *Microhadrosaurus nanshiungensis* Dong, 1979

（图54）

正模 IVPP V 4732：一左下颌支的中段。广东南雄，上白垩统上部南雄组。

鉴别特征 同属。

评注 南雄小鸭嘴龙是董枝明（1979）根据广东省地质局区测队所采得的一块不完整的左侧下颌支而命名的。Brett-Surman（1989）认为南雄小鸭嘴龙所依据的材料很少，而且是一个幼年个体的材料，缺乏有用的形态特征，故而视其为名称可疑的鸭嘴龙类。在鸭嘴龙类中，齿组通常由多达60个齿槽构成（Weishampel，1984；Horner，

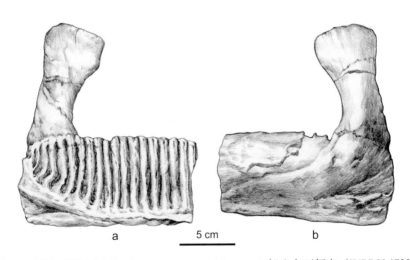

a　　5 cm　　b

图54 南雄小鸭嘴龙 *Microhadrosaurus nanshiungensis* 部分左下颌支（IVPP V 4732）

a. 内视，b. 侧视

1992），尽管齿槽的数量在个体发育中有所增加，但没有其他鸟脚类那么明显（Horner et al., 2004）。根据董枝明（1979）的推测，南雄小鸭嘴龙的齿槽不超过 45 个，相对而言比较少，即使 IVPP V 4732 为一幼年个体，成年后也可能达不到 60 个齿槽，何况仅仅依据个体小还不能断定它就是一个幼年个体。IVPP V 4732 是迄今为止广东南雄盆地报道的唯一鸭嘴龙类骨骼化石材料。Xing 等（2009）记述了南雄盆地主田组发现的大型鸭嘴龙类的足迹化石，证明了白垩纪晚期南雄盆地的确生存过鸭嘴龙类。因此，我们认为至少目前该名称仍是有效的。

乌拉嘎龙属 Genus *Wulagasaurus* Godefroit, Hai, Yu et Lauters, 2008

模式种 董氏乌拉嘎龙 *Wulagasaurus dongi* Godefroit, Hai, Yu et Lauters, 2008

鉴别特征 齿骨细长，齿列长度与齿骨中部最大高度之比大于 4.5，齿骨侧面不被孔穿透；肱骨三角肌嵴始于近端，肱骨关节头向远端伸展成一非常长而明显的垂直嵴。

中国已知种 仅模式种。

分布与时代 黑龙江，晚白垩世。

董氏乌拉嘎龙 *Wulagasaurus dongi* Godefroit, Hai, Yu et Lauters, 2008

（图 55）

正模 GMH W184：一右齿骨。黑龙江嘉荫乌拉嘎，48°23′40.9″ N, 130°08′44.6″ E，上白垩统上部渔亮子组。

归入标本 GMH WJ1, W384, W421：脑颅部骨骼；GMH W166：轭骨；GMH W233, W400-10：上颌骨；GMH W217：齿骨；GMH W267, W411：肩胛骨；GMH W194, W401：胸骨；GMH W320, W515-B：肱骨；GMH W398-A：坐骨。

鉴别特征 同属。

产地与层位 黑龙江嘉荫乌拉嘎，48°23′40.9″ N, 130°08′44.6″ E，上白垩统上部渔亮子组。

评注 2002 年，黑龙江省地质博物馆在嘉荫县乌拉嘎镇西侧一化石坑采掘到 400 余块恐龙骨骼化石，除少量兽脚类骨骼和牙齿外，绝大多数为鸭嘴龙类的骨骼，其中 80% 以上属于兰氏龙亚科的 *Sahaliyania elunchunorum* Godefroit, Hai, Yu et Lauters, 2008，另有少量零散的骨骼，显示出典型的鸭嘴龙亚科的特征，被确定为另一新属种——董氏乌拉嘎龙（Godefroit et al., 2008）。

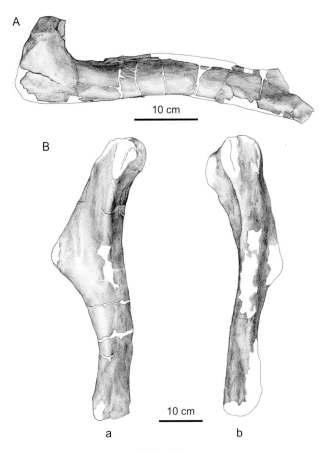

图 55　董氏乌拉嘎龙 *Wulagasaurus dongi*
A. 右齿骨（GMH W184）侧视；B. 右肱骨（GMH W320）：a. 内视，b. 侧视

兰氏龙亚科 Subfamily Lambeosaurinae Parks, 1923

定义与分类　兰氏龙亚科是包含沃克副栉龙（*Parasaurolophus walkeri* Parks, 1922）或鹤鸵盔头龙（*Corythosaurus casuarius* Brown, 1914）而非奥斯朋栉龙（*Saurolophus osborni* Brown, 1912）或加拿大短冠龙（*Brachylophosaurus canadensis* Sternberg, 1953）的最大包容分支。

鉴别特征　兰氏龙亚科是具有中空头饰的鸭嘴龙。外鼻孔最后端由前颌骨围成，鼻骨参与构成空冠的一小部分，上颌骨前突向内侧伸出一斜板，轭骨前突圆滑，呈对称状膨大；胸骨近端盘状突长于胸骨柄，肱骨三角肌嵴发育，延伸至肱骨中部以下，坐骨远端发育成足靴状。

中国已知属　*Jaxartosaurus* Riabinin, 1939，*Tsintaosaurus* Young, 1958，*Nanningosaurus* Mo, Zhao, Wang et Xu, 2007，*Mandschurosaurus* Riabinin, 1930，*Sahaliyania* Godefroit, Hai, Yu et Lauters, 2008，共五属。

分布与时代　除非洲和大洋洲之外的各大陆,晚白垩世。

牙克煞龙属 Genus *Jaxartosaurus* Riabinin, 1939

模式种　阿拉牙克煞龙 *Jaxartosaurus aralensis* Riabinin, 1939

鉴别特征　额骨凹陷仅在前部。前颌骨后突长,与侧突在外鼻孔后相接以致鼻骨不与外鼻孔相连,鼻孔通道腹侧由皱褶的分开的前颌骨围成。鼻骨后退到相当脑颅位置之上,鼻骨通道复杂旋绕。

中国已知种　*Jaxartosaurus fuyunensis* Dong, 1992。

分布与时代　哈萨克斯坦、中国(新疆),晚白垩世。

评注　牙克煞龙是原苏联恐龙学者 Riabinin 命名的中亚地区第一个有头棘的鸭嘴龙,应归于兰氏龙亚科,是一种个体较大的鸭嘴龙类。

富蕴牙克煞龙 *Jaxartosaurus fuyunensis* Dong, 1992
(图 56)

正模　新疆地质局 Fu101:一不完整的右齿骨和一股骨远端。新疆富蕴喀拉布勒根,上白垩统乌伦古河组。右齿骨标本现保存在中国科学院古脊椎动物与古人类研究所。

鉴别特征　较大的鸭嘴龙,个体较模式种要大,下颌齿组较高,约有35–37个齿沟,齿沟紧密,沟凹较浅。

5 cm

图 56　富蕴牙克煞龙 *Jaxartosaurus fuyunensis* 右齿骨 (Fu101),内视

评注　富蕴牙克煞龙正模是1972年吴绍祖和李文永在新疆富蕴县喀拉布勒根所采。1973年吴绍祖对该材料作了初步研究,确定为未定种的牙克煞龙 (*Jaxartosaurus* sp.)。1992年董枝明在其《Dinosaurian Faunas of China》一书中取名富蕴牙克煞龙。与富蕴牙克煞龙一起采得的化石标本还有一件暴龙类的下颌,保存在中国古动物馆。鸭嘴龙和暴

龙类在乌伦古河组的发现，判定了它的年代是白垩纪最晚期。

青岛龙属 Genus *Tsintaosaurus* Young, 1958

模式种 棘鼻青岛龙 *Tsintaosaurus spinorhinus* Young, 1958

鉴别特征 头上有一长而直的由鼻骨、前额骨和额骨构成的棒状突，向前上方伸出，头后上部的横棱极为发育，上颞孔短宽；齿系只有34–38个齿槽；11个颈椎，15个背椎，荐部由8个荐椎愈合而成，荐椎腹面或多或少具有棱嵴，无腹沟，近60个尾椎；肩胛骨远端宽大，肱骨长于尺骨，髂骨前突的后部向上强烈弓起，坐骨远端靴状突很发育，股骨粗壮，远端内外关节髁发达，甚至在前面相连接，围成一巨大的孔。

中国已知种 仅模式种。

分布与时代 山东，晚白垩世。

棘鼻青岛龙 *Tsintaosaurus spinorhinus* Young, 1958

(图 57)

正模 IVPP V 725（野外编号：K103）：一副近完整骨架，包括不全的头骨，下颌左右支，11个颈椎，12个背椎，8个荐椎，59个尾椎，左肩胛骨和乌喙骨，右肩胛骨和乌喙骨（K96），左右胸骨，左右肱骨（K61和K63），左尺骨（K69），左桡骨（K86），掌骨和指骨（K156），左右髂骨，右耻骨，左右坐骨，左右股骨，左胫骨下端，右腓骨上端，左右距骨，左跟骨，部分蹠骨和趾骨。山东莱阳金刚口西沟，上白垩统王氏群。

归入标本 IVPP V 818（野外编号：K39）：一块头骨枕部；IVPP V 723：右下颌支，荐椎和左肱骨（K36）；IVPP V 727：荐椎，右肩胛骨，左右肱骨（K30和K113），右尺骨（K82），右股骨；IVPP V 728：荐椎，右肩胛骨，左右肱骨（K83和K28），右髂骨，左右坐骨，右耻骨，左股骨；IVPP V 729：荐椎，左肱骨（K136），左右坐骨；其他野外编号为 K24（右前齿骨）、K28（左方骨和右上颌骨）、K45（左上颌骨）、K63（左右下颌支）、K68（左方骨）、K97（左上隅骨）、K93（左上颌骨）、K107（左前颌骨）、K121（左下颌支）、K141（左右前齿骨）、K149（左上隅骨）、K150（左上隅骨）、K170（左下颌支）、K172（右下颌支）、K179（右上颌骨）、K2（21）（牙齿）、K155（牙齿）、K108（第六右背肋）、K96（右肩胛骨和乌喙骨）、K70（右肩胛骨和乌喙骨）等的零散骨骼。

鉴别特征 同属。

产地与层位 山东莱阳金刚口西沟，上白垩统王氏群。

评注 山东莱阳金刚口西沟这一化石地点早在20世纪20年代初谭锡畴、王恒升就先后采得一些标本。谭锡畴所采的就是 Wiman（1929）研究认为不能鉴定的标本。王恒升所采集的标本已经遗失。1950 年山东大学王麟祥、关广岳和地质矿物系学生在该化石点和赵疃附近采得七个完整的脊椎、一个左乌喙骨、一对胫骨和一个左腓骨，由 Chow（1951）作了初步报道，后来这些标本收藏于长春东北地质勘探学院。1951 年杨钟健、刘东生、王存义等再次对该化石点进行发掘，获得大量骨骼标本，由杨钟健（1958）研究鉴定，除少量兽脚类骨骼和牙齿外，绝大多数为鸭嘴龙类材料，其中 80% 以上被鉴定为棘鼻青岛龙，另外的材料被鉴定为金刚口谭氏龙。1958 年北京自然博物馆会同天津自然博物馆，在中国科学院古脊椎动物与古人类研究所的协助下，在金刚口西沟又进行了一次发掘，采得标本 32 箱，90 余件，经初步观察（杨钟健、王存义，1959；甄朔南、王存义，1959，1961），绝大部分为棘鼻青岛龙的骨骼材料，这批标本收藏于北京自然博物馆。

20 cm

图 57 棘鼻青岛龙 *Tsintaosaurus spinorhinus* 头骨带下颌 (IVPP V 725)，左侧视

由于金刚口西沟化石点的材料属动物死后经过搬运才沉积的，骨骼化石保存相当零乱，干扰发掘工作的因素很多，缺乏原始的骨骼埋藏资料，化石编号有些混乱。归为棘鼻青岛龙的标本大部分有室内编号，还有部分没有室内编号，只有野外编号。就正模（V725）而言，也不止一个个体的材料，而是一个综合骨架，但这基本不影响我们对该动物的认识。

棘鼻青岛龙由于特别的头骨解剖特征而受到广泛的关注。有些学者（Maryańska et

Osmólska, 1981；Brett-Surman, 1989）承认棘鼻青岛龙是一个有效的种属，归属于兰氏龙亚科，而有些学者对它的有效性提出疑问。Rozhdestvensky（1977）认为它很可能是中国谭氏龙的同物异名。Weishampel 和 Horner（1990）认为它是兰氏龙类与鸭嘴龙类材料混合起来的产物，鼻骨棒不可能是中空的。Taquet（1991） 提出青岛龙头上的骨棒可能是鼻骨在保存过程中受挤压而翘起来形成的，理由是骨棒的顶端有一小的叉口，似乎应连接前颌骨的上升突，青岛龙应为谭氏龙的同物异名，归鸭嘴龙亚科。为了解决这一争议，Buffetaut 和 Tong-Buffetaut（1993）重新研究了棘鼻青岛龙和中国谭氏龙的模式材料，发现棘鼻青岛龙翘起的骨棒这个特征不仅显示在正模上，而且 V 818 标本中，右前额骨像正模那样向上转折，额骨的前缘也强烈上翘，构成骨棒的基结。另外根据参加了金刚口发掘工作的刘东生证实，骨棒的确是中空的，采掘时骨棒断裂开来后里面充填有红色的黏土。由此可见，中国谭氏龙和棘鼻青岛龙分属两个不同的类群，前者属平头型的鸭嘴龙亚科，后者为兰氏龙亚科。

南宁龙属 Genus *Nanningosaurus* Mo, Zhao, Wang et Xu, 2007

模式种 大石南宁龙 *Nanningosaurus dashiensis* Mo, Zhao, Wang et Xu, 2007

鉴别特征 大石南宁龙以其独特的综合了进步和原始的特征区别于其他鸭嘴龙类：上颌骨背突高而尖，轭骨突缩小，具有明显的泪骨凹，方骨的下颌关节髁横宽，具有微弱发育的方轭骨凹缺；下颌齿具有弯曲的中嵴和次嵴，齿槽数相当少，27 个左右；肱骨纤细，三角肌嵴低而圆，坐骨骨干大部分直，只是近端弯曲，远端靴状突近端扩展。

中国已知种 仅模式种。

分布与时代 广西，晚白垩世。

大石南宁龙 *Nanningosaurus dashiensis* Mo, Zhao, Wang et Xu, 2007

（图 58）

正模 NHMG 8142：未关联的部分骨架，包括完整的左右上颌骨，左鳞骨，右方骨的下部，不完整的基枕骨，左齿骨，一枚单个的下颌齿，一个颈椎，不完整的左肩胛骨，不完整的左右肱骨，完整的左坐骨，完整的左股骨和一对胫骨。广西南宁纳龙盆地大石村，上白垩统。

归入标本 NHMG 8143：完整的右上颌骨。

鉴别特征 同属。

产地与层位 广西南宁纳龙盆地大石村，上白垩统。

图 58　大石南宁龙 *Nanningosaurus dashiensis* (NHMG 8142)
A. 右上颌支：a. 侧视，b. 内视；B. 左齿骨内视；C. 下颌齿：a. 舌侧视，b. 前视

满洲龙属 Genus *Mandschurosaurus* Riabinin, 1930

模式种　黑龙江满洲龙 *Mandschurosaurus amurensis* Riabinin, 1930

鉴别特征　顶骨上有冠状隆突，无矢状嵴，鳞骨之后侧被眶后骨的鳞骨支完全覆盖，副枕骨突牛轭状，基蝶骨的翼突发育而且对称；下颌冠状突比较高，齿列有 35 个齿槽；肱骨三角肌嵴发育，尺骨长度与近端最大宽度之比大于 6.3，桡骨长度与近端最大宽度之比大于 6.6，髂骨前突比其他已知的鸭嘴龙类长。

中国已知种　仅模式种。

分布与时代　黑龙江，晚白垩世。

评注　1902 年沙皇俄国陆军上校马纳金（Manakin）在黑龙江南岸乌云地区（今嘉荫县）从渔民手中收集到几块化石骨骼，他认为是西伯利亚猛犸象的骨骼化石，因而在地方杂志《Priamourskie Vedomosti》上报道了这一发现。马纳金的这一发现引起了俄国地质学会的关注。1914 年俄罗斯地质学会的地质学家 A. N. Krishtofovitsh 在黑龙江嘉荫峡谷发现一块大型骨骼碎块，经瑞亚宾鉴定为一恐龙胫骨的近端（1914）。1915–1916 年冬，俄罗斯地质学会地质学家 W. P. Renngarten 来到该地区，研究暴露在"Belyie Kruchi"（白崖）上的地质剖面，在右岸崖壁的底部绿色砾岩中发现了恐龙化石。这个化石点其实就是在黑龙江嘉荫村附近。1916 和 1917 年夏，俄罗斯地质学会的有关人员在修复技师 N.

P. Stepanov 的带领下，在这里开展了两个季节的发掘工作，沿黑龙江右岸在砾岩中发现了几个骨化石层。1917 年"十月革命"前，所有发现的化石材料，包括一具不完整的鸭嘴龙骨架均被运到圣彼得堡地质学会博物馆。1918–1923 年该标本由 Stepanov 修理，并在 Riabinin 指导下于 1924 年装架。1925 年 Riabinin 对骨架标本进行了初步描述，化石归入 Trachodon 属中，命名一新种 Trachodon amurense。1930 年，Riabinin 重新对骨架作了详细描述，建立一新属 Mandschurosaurus，并将其归入鸭嘴龙亚科（Riabinin, 1930）。同年，Riabinin 在另一篇文章中，还描述了 Krishtofovitsh 在 1914 年在同一地点采得的鸭嘴龙类胫骨近端，归入 Saurolophus 中，命名一新种 Saurolophus krishtofovici。然而由于 Saurolophus krishtofovici 的正模非常破碎，被认为是无效的（Maryańska et Osmólska, 1981；Weishampel et Horner, 1990）。

由于黑龙江满洲龙的化石材料不多，头骨的鉴别特征缺乏，加上 Riabinin 所提供的正模很可能是几个个体的综合复原骨架，Rozhdestvensky（1957）和杨钟健（1958a）都对 Mandschurosaurus amurensis 的有效性表示过怀疑。Brett-Surman（1979）则将 Mandschurosaurus amurensis 视为"可疑名称"。这一意见被后来的一些学者接受（Maryańska et Osmólska, 1981；Weishampel et Horner, 1990；Horner et al., 2004），但也有人（如 Chapman et Brett-Surman, 1990）仍把它看作有效的属。

1975–1979 年间，黑龙江省博物馆在嘉荫附近沿黑龙江南岸进行了几次新的发掘，发现了许多新的鸭嘴龙和肉食龙类材料，复原和装架了两具骨架。遗憾的是有一具骨架在火灾中完全损毁了。杨大山等（1986）对这批材料进行了描述，将其归入黑龙江满洲龙，并对该属种的特征作了增订。1989 年长春地质学院地质系（现吉林大学地球科学学院）从这一地区采掘到一些新材料，其中一个鉴定为 Mandschurosaurus amurensis 的标本被复原后陈列在该校博物馆。1992 年黑龙江省地质博物馆沿黑龙江又进行了发掘，采集到一大型的不完整的鸭嘴龙类骨架，经复原装架后作为 "Mandschurosaurus magnus" 在该馆展出，但至今未见材料的描述。

满洲龙先后命名了三个种：M. amurensis，M. mongoliensis 和 M. laosensis。Brett-Surman（1979）认为 M. mongoliensis 是不同的属，并取名为吉尔摩龙 Gilmoreosaurus。Horner 等（2004）则认为 M. laosensis 为可疑名称。这样一来，就只剩最初的 M. amurensis 为可能有效的属种。

2010 年，吴文昊等记述了嘉荫神州恐龙博物馆采自嘉荫县龙骨山一段的一左齿骨（标本号 JSDM-H001），鉴定其归于鸭嘴龙亚科，并推测为满洲龙的成员。黑龙江满洲龙属种名称至今已建立有 80 多年历史，其称谓有效性仍有争议（Godefroit et al., 2000），随着嘉荫地区化石的不断发现和恐龙化石研究的深入，相信这一问题会随之得到解决。

黑龙江满洲龙 *Mandschurosaurus amurensis* Riabinin, 1930

（图 59）

Trachdon amurense：Riabinin, 1925

Charonosaurus jiayinensis：Godefroit et al., 2000

正模　标本存放在俄罗斯圣彼得堡博物馆。一头骨后部，无牙的下颌，17 个背椎、荐椎和尾椎。黑龙江嘉荫黑龙江南岸龙骨山，48°53′N, 130°27′E，上白垩统上部渔亮子组。

新模　JLUM J-V1251-57：一不完整的头骨。黑龙江嘉荫黑龙江南岸龙骨山，48°53′N, 130°27′E，上白垩统上部渔亮子组。

归入标本　JLUM J-III，JLUM J-V，GMH Hlj-16, 77, 87, 101, 140, 143, 144, 178, 195, 196, 207, 278, A10, A12 和黑龙江省地质博物馆的"巨型满洲龙"材料。

鉴别特征　同属。

产地与层位　黑龙江嘉荫黑龙江南岸龙骨山，48°53′N，130°27′E，上白垩统上部渔

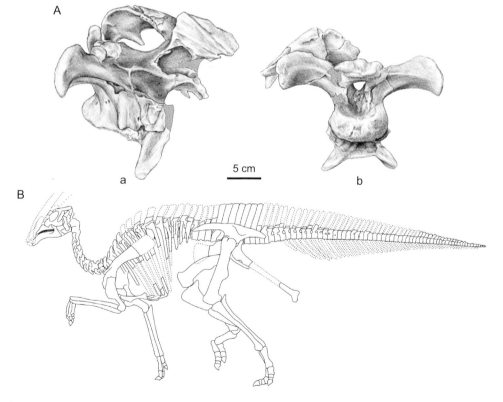

图 59　黑龙江满洲龙 Mandschurosaurus amurensis
A. 头骨后部（JLUM J-V1251-57）：a. 右侧视，b. 后视；B. 骨架复原线条图

亮子组。

评注 Godefroit 等（2000）研究了发现于龙骨山的大部分鸭嘴龙类化石材料。他们认为大多数的化石可以被归入兰氏龙亚科；但文章中却规避了对发现于同一地点同一层位的满洲龙有效性这一问题的讨论，未对两者做比较研究和讨论。我们认为 Riabinin（1930）对满洲龙已有正式记述，并配有较好的可供比较的图版，而且 *Charonosaurus jiayinensis* 与 *Mandschurosaurus amurensis* 的可比较的特征都非常相似，*Charonosaurus jiayinensis* 应是 *Mandschurosaurus amurensis* 的同物异名。鉴于 Riabinin（1930）记述标本（现存俄罗斯圣彼得堡博物馆）已有损坏特征不清，我们将 Godefroit 等（2000）记述 *Charonosaurus jiayinensis* 时所用的正模作为新模。

萨哈里彦龙属 Genus *Sahaliyania* Godefroit, Hai, Yu et Lauters, 2008

模式种 鄂伦春萨哈里彦龙 *Sahaliyania elunchunorum* Godefroit, Hai, Yu et Lauters, 2008

鉴别特征 萨哈里彦龙的齿骨前部明显下偏，与后部的长轴形成约30°角，上颌骨腹缘直，轭骨的前突圆，额骨背面的侧凹比其他兰氏龙类的发育，且不与该骨中部的穹隆联系，细长的副枕骨突具有略凸的背边和略凹的腹边，方骨上的方轭骨缺凹移向腹侧；髂骨的髋臼前突比较长，耻骨前突背侧比腹侧更加扩展。

中国已知种 仅模式种。

分布与时代 黑龙江，晚白垩世。

评注 Godefroit 等（2008）所做的分支系统分析显示，萨哈里彦龙是一系统关系不明的兰氏龙类。

鄂伦春萨哈里彦龙 *Sahaliyania elunchunorum* Godefroit, Hai, Yu et Lauters, 2008

（图 60）

正模 GMH W453：一部分头骨。黑龙江嘉荫乌拉嘎48°23′40.9″N, 130°08′44.6″E，上白垩统渔亮子组。

归入标本 GMH W200-A, W281, W400-5, 424, W 未编号：轭骨；GMH W199：上颌骨；GMH W31, W271, W342, W367, W394, W404, W476：方骨；GMH W33, W50-1, W105, W140, W153, W201, W227, W228, W290, W298, W324-A, W393, W418, W419-A, W424, W451, W457, W461, W465, W466, W501：齿骨；GMH W1, W21, W31, W52, W148, W182, W202, W210, W214, W222, W272, W284, W286, W291, W309, W360, W373, W387, W392, W394, W400-1, W400-6, W422, W463, W473：肩胛骨；GMH W165, W246, W406-A：胸骨；GMH W15, W42, W58, W59, W110, W116, W154, W158, W168, W192-A, W192-B, W201,

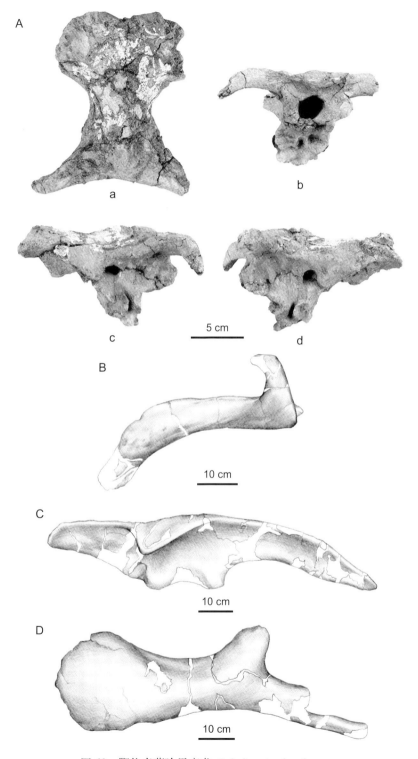

图 60 鄂伦春萨哈里彦龙 *Sahaliyania elunchunorum*

A. 头骨（GMH W453）: a. 背视，b. 后视，c. 左侧视，d. 右侧视；B. 左齿骨侧视（GMH W451）；C. 右髂
骨侧视（GMH W103）；D. 左耻骨侧视（GMH W179）

W232, W240, W250, W271, W303, W317, W344, W367, W392, W402, W410, W411, W413-A：肱骨；GMH WJ1, WJ4, W23, W45, W51, W103, W173, W228, W243-A, W273, W301, W311, W359, W370, W421：髂骨；GMH W10, W13, W50-6, W51, W136-A, W146, W171, W177, W179, W180, W197, W233-B, W255, W270, W291, W310, W375, W400-13, W404, W415-A, W415-B, W471-D：坐骨；GMH W10, W13, W51, W136, W146, W171, W177, W179, W180, W197, W233, W270, W291, W310, W375, W379, W400-13, W404, W415-A, W415-B, W471：耻骨。

鉴别特征 同属。

产地与层位 黑龙江嘉荫乌拉嘎 48°23′40.9″ N, 130°08′44.6″ E，上白垩统渔亮子组。

边头类 MARGINOCEPHALIA Sereno, 1986

定义与分类 边头类是包含粗糙三角龙（*Triceratops horridus* Marsh, 1889）和怀俄明肿头龙 [*Pachycephalosaurus wyomingensis* (Gilmore, 1931) Brown et Schlaikjer, 1943] 的最小包容分支（Sereno, 1986）。边头类又包括肿头龙类和角龙类两大分支。

形态特征 前颌骨和犁骨被上颌骨隔开，鼻骨缝合线间无深的椭圆形凹陷，顶骨和鳞骨的后缘伸出于枕部，盖在上面，形成似一屋檐的顶骨鳞骨架；前颌齿每侧 3 枚；肩胛骨相对较长，呈带状，长度至少为其最小宽度的 9 倍，髂骨背缘和髋臼前突远端背视均横向扩展，坐骨闭孔突不存在，耻骨前突近端背腹向收缩，耻骨干长度或为坐骨一半，或短于坐骨，亦或缺失耻骨干，第一趾第一趾节骨为各趾节骨中最长（Butler et al., 2008；Butler et Zhao, 2009）。

Xu 等（2006）根据对隐龙的研究，发现以下特征支持边头类的单系性：眶前孔最大直径约为眶孔直径的 50%，前颌骨受上颌骨阻隔未伸达内鼻孔，轭骨表面有纹饰，眶后棒变宽，宽于颞间弓，鳞骨有明显侧突，遮蔽其下方腹突和方骨，鳞骨 - 方骨关节面在鳞骨腹突远端，而不与鳞骨主体相接，鳞骨后缘向内后方伸展，构成顶骨鳞骨架侧缘，顶骨鳞骨架存在，副枕骨突近矩形，基翼突与翼骨关节面大，呈椭圆形，翼骨向后向内伸展，从腹部看基本遮蔽脑颅基部；隔骨表面有纹饰；耻骨干短，无耻骨联合。另外以下特征也可能为边头类或边头类内类群共有裔征：轭骨对眶前凹的贡献小，眶后骨 - 鳞骨上有一排瘤状结节，颞间弓背视宽，宽于侧视，基枕突前后向窄，基蝶骨侧向扩展，后视可见；后关节突短或无，上下颌关节面略低于上颌齿列，前颌齿列与上颌齿列处于同一水平位；髋臼前突明显侧弯，髂骨较股骨长。

分布与时代 北半球，但澳大利亚亦有报道（Rich et Vickers-Rich, 2003），晚侏罗世—白垩纪。

评注 值得注意的是，目前已知所有肿头龙类都发现在晚白垩世，而最早的角龙类

（隐龙）则发现在晚侏罗世早期。承认两者的姐妹群关系就意味着肿头龙类缺失其最初约 7500 万年的化石记录，这是所有恐龙各大类中可推测的最长的一段缺失。

边头类作为一单系类群被广泛接受，不过仍有人反对（Bakker et al., 2006；Sullivan, 2006）。对中国新疆晚侏罗世最基干也是已知最早的角龙类隐龙的研究发现大量特征支持边头类这一单系的存在（Xu et al., 2006），但这一研究也同时支持异齿龙和灵龙是边头类的近亲，它们是向边头类方向发展的基干角足类。

肿头龙类 Pachycephalosauria Maryańska et Osmólska, 1974

定义与分类　肿头龙类是包含怀俄明肿头龙 [*Pachycephalosaurus wyomingensis* (Gilmore, 1931) Brown et Schlaikjer, 1943] 而非粗糙三角龙（*Triceratops horridus* Marsh, 1889）的最大包容分支，它是角龙类的姐妹群。已知肿头龙类数量（属种数和个体数）较少，目前较确定的有 15 个属（Longrich et al., 2010）。

形态特征　肿头龙类个体较小，两足行走，因具有明显增厚的额骨和顶骨而易于与其他恐龙相区别。有两块与眶孔上缘愈合的眶上骨，轭骨 - 眶后骨关节为短的撞接型，颞间弓宽且平，并且其上有一排瘤状结节，额骨和顶骨背腹向增厚；下颌齿异齿型，最前端一枚牙齿增大并后弯呈犬齿状；肱骨长度不超过股骨的 60%，肱骨三角肌嵴不发育，只是在前侧缘有所增厚，肱骨干前后视强烈外凸；髋臼前突背缘和髋臼上方髂骨背缘横向扩展形成一窄板，坐骨耻骨突背腹向收缩，股骨第四转子呈明显嵴状。另外以下特征也可能为肿头龙类或其内类群共有裔征：前颌骨腹缘下置低于上颌骨齿列，齿间隙在前颌骨和上颌骨之间向上拱起，眶前孔外孔闭合，前耳骨 - 基蝶骨板存在，基枕 - 基蝶突板状；前齿骨与前颌骨长度相近，前颌齿仅相对于前齿骨，前颌齿向后增大；后部荐肋明显长于前部荐肋，胸骨肾形。

分布与时代　仅见于北美大陆和东亚的晚白垩世（Longrich et al., 2010）。我国有两个属种：安徽的岩寺皖南龙和山东的红土崖小肿头龙。

评注　肿头龙类曾被认为分别与剑龙、甲龙、角龙和鸟脚类都可能有较近的亲缘关系（Maryańska，1990），直到 20 世纪 80 年代被广泛承认是角龙类的姐妹群（Maryańska et Osmólska, 1984, 1985；Sereno, 1984, 1986；Sues et Galton, 1987）。这一观点现已被广泛接受，而且最新的分支系统学分析（Xu et al., 2006；Butler et al., 2008）也支持边头类这一单系的存在。

皖南龙属 Genus *Wannanosaurus* Hou, 1977

模式种　岩寺皖南龙 *Wannanosaurus yansiensis* Hou, 1977

鉴别特征 较小的肿头龙，体长近1m。头顶肿厚且平，其上有不规则排列的小而低的瘤状结节；上颞孔存在且较大；轭骨-眶后骨间连接短而牢固。齿骨高度向前渐低，齿骨腹侧缘向内侧弯曲形成一窄的水平板；冠状突的背前部由骨化的冠状骨构成；下颌齿列长，大于下颌支全长的1/2，其上约有11枚牙齿；最前端的一枚犬齿状，其余牙齿齿冠低呈扇形，并向唇舌侧略有膨胀，舌侧面上有一低平的中嵴略为后置，其前后齿冠边缘上各有4-5个小锯齿发育，这些锯齿在舌侧面上继续延伸发育为明显的棱嵴。肱骨非常特殊，其骨干不仅前后视弯曲向外侧凸起，而且侧视也弯曲并向前凸起。髋臼前突向前侧方伸展，并且其背缘横向扩展。股骨略长于胫骨，第四转子位于骨干中位。

中国已知种 仅模式种。

分布与时代 安徽，晚白垩世。

岩寺皖南龙 *Wannanosaurus yansiensis* Hou, 1977
(图61)

正模 IVPP V 4447：一不完整个体包括头盖骨右后侧部分和分离的左侧轭骨、眶后

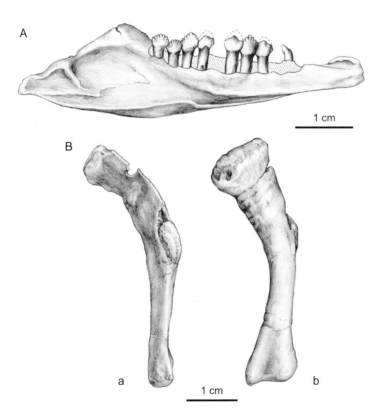

图61 岩寺皖南龙 *Wannanosaurus yansiensis* 正模 (IVPP V 4447)
A. 左下颌支内视；B. 右肱骨：a. 侧视，b. 后视

骨和鳞骨，完整的左下颌支以及部分颅后骨骼（一个前部颈椎，右肱骨，左侧髂骨一段，两股骨和右胫骨）。安徽歙县岩寺，上白垩统小岩组上段。

副模 IVPP V 4447.1：部分尾椎，髂骨一段，一对股骨，左侧胫腓骨和部分右足。安徽歙县岩寺，上白垩统小岩组上段。

鉴别特征 同属。

评注 Butler 和 Zhao（2009）对皖南龙作了再记述。皖南龙被认为属平头型的肿头龙类，但也有人怀疑它是一未成年个体，因此其成年个体未必是平头的（Longrich et al., 2010）。

小肿头龙属 Genus *Micropachycephalosaurus* Dong, 1978

模式种 红土崖小肿头龙 *Micropachycephalosaurus hongtuyanensis* Dong, 1978

鉴别特征 体长约 1 m。顶骨 - 鳞骨肿厚但较平，其上无明显的隆起或瘤状结节；上颞孔不封闭；方骨远端关节面前后向窄而横向扩展，其外侧髁较内侧髁更向腹侧伸展；齿冠扇形且低，前后向长度小于顶底向高度。后部背椎腹面沿其中线有一明显凹槽贯穿前后。髋臼前突较长并略向前腹侧弯曲，其背缘未见横向拓宽。股骨长（121 mm），骨干侧视略前凸而前后视直；股骨头发育，与近端转子间被一明显转子凹（fossa trochanteris）分隔；大转子侧视略呈扇形，明显大于其前外侧的小转子；第四转子位于近半段。

中国已知种 仅模式种。

分布与时代 山东，晚白垩世。

红土崖小肿头龙 *Micropachycephalosaurus hongtuyanensis* Dong, 1978

（图 62）

正模 IVPP V 5542：一不完整个体包括部分顶骨、鳞骨、方骨和基枕骨，带部分牙齿的两段颌骨（上下颌不清），一枚孤立牙齿，后部背椎、部分荐椎和部分尾椎，不完整左髂骨，完整左股骨和左胫骨近端。山东莱阳红土崖，上白垩统王氏群。

鉴别特征 同属。

评注 Butler 和 Zhao（2009）对红土崖小肿头龙重新研究后认为："后部背椎腹面沿其中线有一明显凹槽贯穿前后"这一特征为该种自有裔征，从而确认了其有效性；但同时认为小肿头龙未必属于肿头龙类，可作为角足类分类位置不明属种处理。

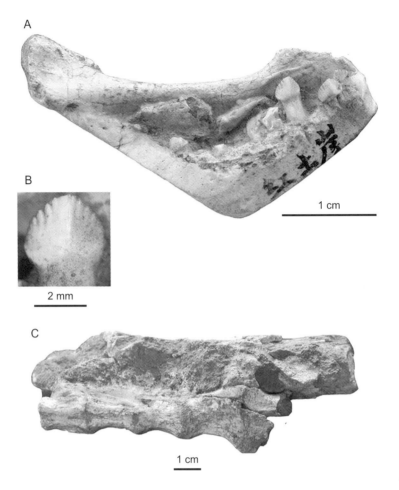

图 62　红土崖小肿头龙 *Micropachycephalosaurus hongtuyanensis* (IVPP V 5542)
A. 左方骨内后视及部分上颌或下颌支；B. 单颗牙齿；C. 后部背椎、前部荐椎和部分髂骨腹视

角龙类 Ceratopsia

定义与分类　角龙类（Ceratopsia Marsh, 1890）是包含粗糙三角龙（*Triceratops horridus* Marsh, 1889）而非怀俄明肿头龙 [*Pachycephalosaurus wyomingensis*（Gilmore, 1931）Brown et Schlaikjer, 1943] 的最大包容分支，它是肿头龙类的姐妹群。角龙类包括基干角龙类、鹦鹉嘴龙科和新角龙类。基干角龙类是指鹦鹉嘴龙科和新角龙类分化之前的角龙类，目前仅知三属种。

形态特征　吻端前颌骨之前有一块新的骨骼吻骨，头骨眶前区短，不到头骨长的 40%，前颌骨腭部强烈上拱，形成一深的凹陷，轭骨侧向伸展，形成轭骨角（jugal horn），而且轭骨前支背腹向高度大于其后支的，方骨外侧下颌关节髁大于内侧的，下颌反关节突不发育，耻骨前突向前延伸不超出髋臼前突。

分布与时代　已知基干角龙类均发现于中国北方的晚侏罗世。

隐龙属 Genus *Yinlong* Xu, Forster, Clark et Mo, 2006

模式种 当氏隐龙 *Yinlong downsi* Xu, Forster, Clark et Mo, 2006

鉴别特征 小型两足行基干角龙，具以下自有裔征：额骨接合部形成一明显凹陷，梯形方轭骨前后长大于背腹高，副枕骨突近半段前表面有突出的横嵴和槽发育，较长的基翼突伸向腹后方，狭长的颈动脉管通道侧面被一薄板遮挡；上隅骨腹后方有一突出结节，前颌齿具垂向磨蚀面并在其底部形成一水平切迹；前肢短细，约为后肢长的 40%。

中国已知种 仅模式种。

分布与时代 新疆，晚侏罗世。

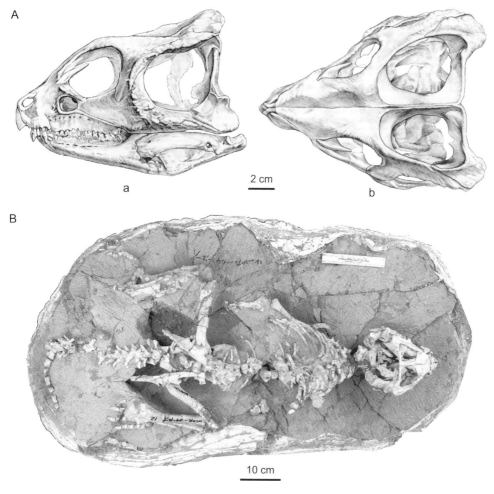

图 63　当氏隐龙 *Yinlong downsi* (IVPP V 14530)
A. 头骨带下颌：a. 左侧视，b. 背视；B. 骨架背视

当氏隐龙 *Yinlong downsi* Xu, Forster, Clark et Mo, 2006

（图 63）

正模 IVPP V 14530：一近乎完整个体，仅缺失末端尾椎。新疆准噶尔盆地五彩湾，上侏罗统牛津阶石树沟组上部。

鉴别特征 同属。

评注 隐龙是已知最早也是最基干的角龙类。全长约120 cm，很可能代表一近成年个体。

朝阳龙属 Genus *Chaoyangsaurus* Zhao, Cheng et Xu, 1999

模式种 杨氏朝阳龙 *Chaoyangsaurus youngi* Zhao, Cheng et Xu, 1999

鉴别特征 眶前区很短，约为头骨长度的30%；头骨的吻端较尖，最前端为一较高的吻骨覆盖；轭骨侧突虽不很发育，但背视已超过头盖骨之宽，使头骨呈三角形；方轭骨侧视遮蔽内侧较窄的方骨干，方骨末端向腹后方伸出，不被方轭骨遮蔽；齿骨冠状突低平，隅骨平整侧面和其腹面间有一边嵴存在。有两枚锥状前颌齿，8–9 枚凿状的上颌齿和 11 枚下颌齿；所有齿冠唇舌侧面覆有几乎等厚的釉质层；上颌齿冠几乎与齿根等宽，中嵴不明显。

中国已知种 仅模式种。

分布与时代 辽宁，晚侏罗世。

杨氏朝阳龙 *Chaoyangsaurus youngi* Zhao, Cheng et Xu, 1999

（图 64）

Chaoyoungosaaurus：Zhao, 1983, p. 300

Chaoyoungosaurus liaosiensis：赵喜进，1985，289 页

Chaoyangosaurus liaosiensis：Dong, 1992, p. 94

正模 IGCAGS V371：一不完整头骨腹部带较完整的左右下颌支，部分颈椎和残破的肩胛骨和肱骨。辽宁朝阳二十家子，上侏罗统上部土城子组。

鉴别特征 同属。

评注 赵喜进（Zhao, 1983；赵喜进，1985）曾使用朝阳龙（*Chaoyoungosaaurus*）和辽西朝阳龙（*Chaoyoungosaurus liaosiensis*），但都未记述，也未给图照；Dong（1992）引用过赵氏辽西朝阳龙 [*Chaoyangosaurus*（*Chaoyoungosaurus*）*liaosiensis*]，并给予讨论。这些种名均应视为无效。

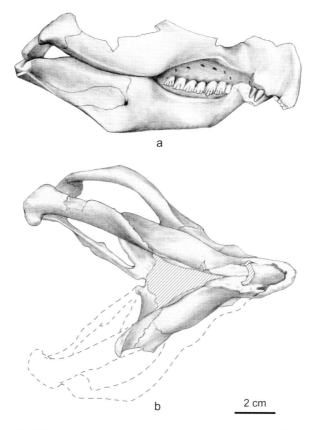

图 64　杨氏朝阳龙 *Chaoyangsaurus youngi* (IGCAGS V371) 部分头骨带下颌
a. 右侧视，b. 腹视

宣化角龙属 Genus *Xuanhuaceratops* Zhao, Cheng, Xu et Makovicky, 2006

模式种　聂氏宣化角龙 *Xuanhuaceratops niei* Zhao, Cheng, Xu et Makovicky, 2006

鉴别特征　与朝阳龙非常相似的较小的基干角龙类，与朝阳龙最主要的区别是每侧前颌骨仅有一枚而不是两枚牙齿。另外，宣化角龙齿骨和轭骨上的纹饰和结节也较朝阳龙的发育，宣化角龙的方轭骨也不像在朝阳龙中那样向后延伸以致从侧面看完全遮蔽相关联的方骨。

中国已知种　仅模式种。

分布与时代　河北，晚侏罗世。

评注　Zhao 等（2006）在记述命名宣化角龙的同时也将宣化角龙和朝阳龙归入新建立的朝阳龙科（Chaoyangsauridae）。朝阳龙科包括所有与杨氏朝阳龙（*Chaoyangsaurus youngi*）的亲缘关系比与粗糙三角龙（*Triceratops horridus* Marsh, 1889）或蒙古鹦鹉嘴龙（*Psittacosaurus mongoliensis* Osborn, 1923）的亲缘关系更近的角龙类。该科的共有裔征包括：方轭骨和方骨只在下颞孔后下方有一较小的不坚固的连接，方骨干指向后下方，方骨关节髁间有一深槽，下颌关节窝内壁增厚并形成一半月形突起，齿骨厚实侧面发育交织状的沟槽并间有嵴或瘤状小结节。

聂氏宣化角龙 *Xuanhuaceratops niei* Zhao, Cheng, Xu et Makovicky, 2006
（图 65）

Xuanhuasaurus niei：赵喜进 , 1985, 289 页

正模　IVPP V 12722：部分前颌骨，相关联的部分左侧上颌骨、轭骨和眶后骨，左额骨，右眶后骨一段，右方轭骨，两侧方骨，部分翼骨和外翼骨；下颌关节部，部分左隅骨，右齿骨大部分，零散牙齿若干；部分椎体；左侧肩带，不完整两侧肱骨，部分左坐骨，不完整右后肢。河北宣化颜家沟，上侏罗统上部后城组。

归入标本　IVPP V 14527 和 V 14528：露头表面采得两不同大小个体的破碎头骨，头后骨骼和牙齿；IVPP V 14529：带齿根的部分下颌，距上述两归入标本约 100 m 处采得。

鉴别特征　同属。

产地与层位　河北宣化颜家沟，上侏罗统上部后城组。

评注　宣化角龙的正模 20 世纪 60 年代初由解放军工兵发现于河北宣化地区，由聂荣臻元帅亲批送到中国科学院古脊椎动物与古人类研究所。当时采得两个大小不同的个体，头骨较破碎，鉴定为鹦鹉嘴龙类；后在"文革"时期遭受部分损失。种名赠聂帅，以纪念他对中国古生物事业的关怀。

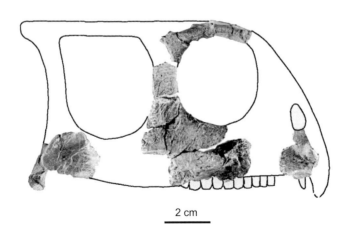

2 cm

图 65　聂氏宣化角龙 *Xuanhuaceratops niei* (IVPP V 12722) 头骨复原图（示保存部分骨骼）；改自 Zhao et al., 2006

鹦鹉嘴龙科 Family Psittacosauridae Osborn, 1923

定义与分类 鹦鹉嘴龙科是包含蒙古鹦鹉嘴龙（*Psittacosaurus mongoliensis* Osborn, 1923）而非粗糙三角龙（*Triceratops horridus* Marsh, 1889）的最大包容分支（Sereno et al., 2005），目前有两个属：鹦鹉嘴龙属（*Psittacosaurus* Osborn, 1923）和红山龙属（*Hongshanosaurus* You, Xu et Wang, 2003）。

鉴别特征 小型、两足行角龙。外鼻孔背位，其腹缘高于眼眶腹缘，眶前凹和眶前孔均不存在，鼻骨前突长，向前超出外鼻孔前缘，并与吻骨相接，前颌骨背后突发育成薄片状，并与前额骨相接。颌骨外侧面有一小凹槽和瘤突，泪骨管向外侧开孔，轭骨角突非常发育，并始于轭骨中部，而不似新角龙类中始于轭骨末端，眶后骨的轭骨突和鳞骨突细长，方骨内关节髁平滑；前齿骨前缘半圆形，并有一极短、呈舌状腹突，齿骨和隔骨侧面无瘤突，反关节突发育，关节骨与方骨关节面平整；前颌骨无齿，上下颌牙齿小，呈佛手状，内外侧均有釉质，下颌舌侧面齿冠主嵴非常发育，呈橄榄状，并在其上有次生嵴可见。

中国已知属 *Psittacosaurus* Osborn, 1923 和 *Hongshanosaurus* You , Xu et Wang, 2003。

分布与时代 东亚（中国北方、蒙古和西伯利亚有明确属种，日本和韩国有报道，泰国报道一有疑问种），早白垩世。

评注 1922 年，美国自然历史博物馆中亚考察团在蒙古的西戈壁 Tsagan Nor 盆地和吴启（Oshih）盆地下白垩统奥德赛（Ondai Sair）组中发现了两具小恐龙化石。化石运到纽约后，Osborn 于 1923 年很快研究报道了这两具小骨架：其中一个因保存有一个像鹦鹉一样的喙嘴，便起名叫蒙古鹦鹉嘴龙（*Psittacosaurus mongoliensis* Osborn, 1923），并据此建一新科鹦鹉嘴龙科（Psittacosauridae），Osborn 认为它很可能代表甲龙类的祖先类型；而另一标本鉴定为蒙古原禽龙（*Protiguanodon mongoliensis* Osborn, 1923），并据此建一新亚科原禽龙亚科（Protiguanodontinae），归于鸟臀类中的鸟脚类，并推测很可能是禽龙类的祖先类型。1924 年，在对这两具标本进一步研究之后，Osborn 认为这两个属种形态很接近，都可归入鹦鹉嘴龙科，但仍将其归入禽龙类（现在认为这两个标本都归蒙古鹦鹉嘴龙种）。

1958 年，杨钟健在研究山东发现的中国鹦鹉嘴龙种的同时对鹦鹉嘴龙科的归属进行了讨论。他认为鹦鹉嘴龙科与角龙类的关系显然要比与禽龙类的关系密切，并指出这一观点在 Gregory（1951）的书中已被提及。

1975 年，波兰古生物学家 Maryańska 和 Osmólska 进一步总结讨论了鹦鹉嘴龙科的归属，特别指出鹦鹉嘴龙的吻端有块角龙类特有的小的吻骨，充分论证了鹦鹉嘴龙科与角龙类较近的亲缘关系。她们同时指出虽然鹦鹉嘴龙科不可能是角龙类的直接祖先（如鹦鹉嘴龙的前颌骨牙齿消失，而原角龙尚保留牙齿），但鹦鹉嘴龙科、原角龙科和角龙科共同代表了鸟臀类恐龙中的亲缘关系较近的一支。这一观点已被普遍接受。从分支系统学的观点看，鹦鹉嘴龙科是新角龙类的姐妹群。Sereno（2010）对鹦鹉嘴龙科做了最新总结。

鹦鹉嘴龙常有胃石保存在腹腔用于磨碎食物（姬书安，1997；Xu, 1997），它们有可能生活在河湖边沿的高地上，以植物为食，但也有人认为鹦鹉嘴龙类是半水生的（Ford et Martin, 2010）。在热河群义县组中鹦鹉嘴龙发现的个体数量较多，也较密集。鹦鹉嘴龙的巢穴及幼仔也被发现，推测它们具亲子行为（Meng et al., 2004；Zhao et al., 2007）。鹦鹉嘴龙的皮肤化石也有发现（姬书安、薄海臣，1998；姬书安，2004；Lingham-Soliar, 2008）。另外，有一件鹦鹉嘴龙标本的尾部上方保存了类似"刚毛"状的皮肤衍生物（Mayr et al., 2002）。

鹦鹉嘴龙属 Genus *Psittacosaurus* Osborn, 1923

模式种　蒙古鹦鹉嘴龙 *Psittacosaurus mongoliensis* Osborn, 1923

鉴别特征　头骨眶前区长度不超过头骨长度的 40%。外鼻孔和眼眶圆形或近圆形。

中国已知种　*Psittacosaurus mongoliensis* Osborn, 1923，*P. sinensis* Young, 1958，*P. meileyingensis* Sereno, Chao, Cheng et Rao, 1988，*P. xinjiangensis* Sereno et Chao, 1988，*P. neimongoliensis* Russell et Zhao, 1996，*P. ordosensis* Russell et Zhao, 1996，*P. mazongshanensis* Xu, 1997，*P. lujiatunensis* Zhou, Gao, Fox et Chen, 2006，*P. major* Sereno, Zhao, Brown et Tan, 2007，*P. gobiensis* Sereno, Zhao et Tan, 2009。

分布与时代　中国北方（山东、辽宁、内蒙古和新疆）及蒙古和西伯利亚有明确属种，日本和韩国有标本报道，早白垩世中晚期。

评注　鹦鹉嘴龙属自 1923 年根据蒙古的材料建立后，至今已有 16 个种被命名。这 16 个种中，除模式种（蒙古种）、西伯利亚种和泰国的尚有疑问的一种外，其余 13 个种均根据中国北方的材料建立，而模式种在中国北方也有发现。对这些种的有效性多有讨论（杨钟健，1958a；Sereno, 1990a, 1990b, 2010；徐星、赵喜进，1999）。本书中我们综合前人研究成果认为 *P. osborni* Young, 1932，*P. tingi* Young, 1932 和 *P. guyangensis* Cheng, 1982 以及 *P. protiguanodon* Young, 1958, 是 *P. mongoliensis* 的同物异名；*P. youngi* Zhao, 1962 是 *P. sinensis* Young, 1958 的同物异名。这样，我国目前已知有 10 个鹦鹉嘴龙种。这些物种间的差异，也可能是个体发育或性别之不同造成的，今后应从这些角度进行分析总结，进一步确定这些物种的有效性（Horner et Goodwin, 2006）。

中国最早发现的鹦鹉嘴龙标本是 1927 年袁复礼先生在包头北白云鄂博西南 16 km 的阿木赛河南岸的红官鄂博的红层中采得的一块下颌，但直到 1964 年杨钟健才予以报道；可惜此标本材料破碎，不足以做进一步的鉴定（杨钟健，1964）。

蒙古鹦鹉嘴龙 *Psittacosaurus mongoliensis* Osborn, 1923

Protiguanodon mongoliensis：Osborn, 1923

Psittacosaurus osborni：Young, 1932

Psittacosaurus tingi：Young, 1932

Psittacosaurus protiguanodon：杨钟健, 1958a

Psittacosaurus guyangensis：程政武, 1982

正模 AMNH 6254：一近乎完整的个体。蒙古Ovorkhangai和Oshih，下白垩统中上部。

归入标本 可归入该种的标本很多。蒙古发现的所有鹦鹉嘴龙标本均归入此种，其中包括收藏在美国自然历史博物馆的研究较详的标本：AMNH 6253，6257，6260 和 6534-6536。中国归入此种的标本有 IGCAGS V351 和 V353：破碎头骨，下颌，脊椎，肩带和肢骨；BMNH BPV. 398：一成年个体头骨；LHGPI PV3：部分头骨。

鉴别特征 前额骨上缘有一上翘的嵴，坐骨远端变宽，约为坐骨干中部宽的两倍。

产地与层位 蒙古、中国（辽宁朝阳，内蒙古固阳和苏红图），下白垩统中上部。

评注 杨钟健 1932 年研究报道的鹦鹉嘴龙包括奥氏种、丁氏种和蒙古原禽龙相似种（*Protiguanodon* cf. *mongoliensis*）。杨钟健 1958 年在记述山东的鹦鹉嘴龙时将蒙古原禽龙（*Protiguanodon mongoliensis* Osborn, 1923）厘定为原禽龙鹦鹉嘴龙（*Psittacosaurus protiguanodon*），并对 1932 年这批材料做一总结，认为奥氏种有效，丁氏种可能是奥氏种的同物异名，而蒙古原禽龙相似种是无效的。杨钟健（1958）同时认为他所研究这批材料的产地 [甘肃（现内蒙古）哈拉吐老街] 与 Bohlin（1953）所报道鹦鹉嘴龙蒙古种的产地（Tebch）很可能一致，但奥氏种个体小，只有 Bohlin 记述的蒙古种和正模的一半大小。1990 年，Sereno（1990b）认为奥氏种是蒙古种的幼年个体，为同物异名。无论如何，杨钟健和 Bohlin 所研究这批标本现均已遗失（杨钟健 1932 年文中没有标本号），无法查证。

Sereno（1990a, 2010）认为固阳种约为蒙古种正模的 2/3 大小，而且两者特征相似，固阳种是蒙古种的同物异名。

中国鹦鹉嘴龙 *Psittacosaurus sinensis* Young, 1958

（图 66）

Psittacosaurus youngi：赵喜进, 1962

正模 IVPP V 738：一近完整骨架，带有完好的头骨。山东莱阳县城东北方附近，下白垩统青山组。

归入标本 IVPP V 739–745, 749–750, 752–754: 多于 12 个个体的各部分骨骼; BMNH BPV. 353: 带头骨近完整的骨架。

鉴别特征 个体较小，体长不足 1 m。头骨特别短而宽，吻骨下垂，其腹缘低于上颌齿列，上颌骨外侧面没有凹槽和瘤突，在眶后棒的眶后骨和轭骨衔接处外侧有一垂向发育的小角突，头顶骨向后略为扩展，使两眶后骨 - 鳞骨棒之间有一约 30° 夹角; 下颌较短以致前齿骨的前缘与前颌骨而不是吻骨相对; 耻骨前后突均较扁，横向宽度大于其背腹向高度，耻骨前突较长，与髂骨髋臼前突长度相当 (Sereno, 2010)。

产地与层位 IVPP V 739–743, 745 和 BMNH BPV. 353 发现于莱阳县城西北约 5 km 陡山村附近，其余标本同模式产地，下白垩统青山组。

评注 1962 年赵喜进鉴定了北京自然博物馆采自山东莱阳陡山一件带头骨近完整的骨架 BMNH BPV. 353，赵氏将其命名为杨氏鹦鹉嘴龙。Sereno (1990b) 将其归于鹦鹉嘴龙中国种。2005 年，BMNH BPV. 353 标本在澳大利亚展示中被窃遗失。

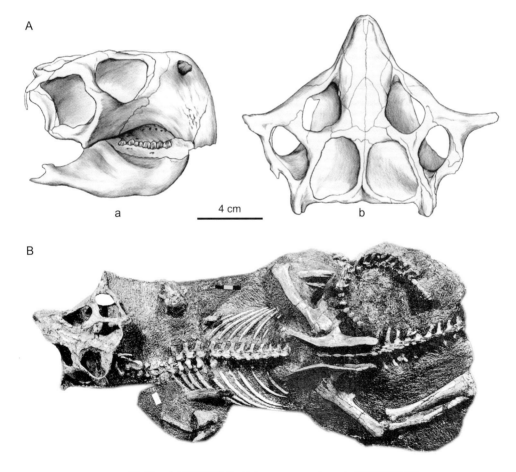

图 66 中国鹦鹉嘴龙 *Psittacosaurus sinensis* (IVPP V 738)
A. 头骨: a. 右侧视，b. 背视; B. 骨架背视

梅勒营鹦鹉嘴龙 *Psittacosaurus meileyingensis* Sereno, Chao, Cheng et Rao, 1988

（图 67）

正模　IVPP V 7705：近完整头骨和三个相关联前部颈椎。辽宁朝阳梅勒营子，下白垩统九佛堂组。

归入标本　BMNH BPV. 399：一成年个体部分头骨和枢椎；BMNH BPV. 400：一幼年个体的头骨；BMNH BPV. 401：一破碎成年个体头骨；IGCAGS 330：一成年个体部分头骨和相关联头后骨骼。

鉴别特征　相对其他鹦鹉嘴龙种，梅勒营种的眶前区特别短，只有头骨长的30%，使得头骨侧视近圆形，眶孔近三角形并且指向腹面，形成一较锐夹角，方轭骨侧面有一表面粗糙的隆突；齿骨腹缘边嵴发育。

产地与层位　辽宁朝阳梅勒营子，下白垩统九佛堂组。

评注　Sereno 等（1988）在记述梅勒营种的同时，也报道了发现于同一地区的鹦鹉嘴龙蒙古种。

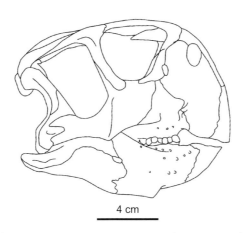

4 cm

图 67　梅勒营鹦鹉嘴龙 *Psittacosaurus meileyingensis*（IVPP V 7705），头骨带下颌右侧视

新疆鹦鹉嘴龙 *Psittacosaurus xinjiangensis* Sereno et Chao, 1988

（图 68）

Psittacosaurus mongoliensis：董枝明 , 1973, 4 页 , 表 2；程政武 , 1982, 134 页

正模　IVPP V 7698：一近关联的成年个体骨架，带有受挤压的头骨和肢骨。新疆准噶尔盆地德仑山，下白垩统吐谷鲁群。

归入标本　IVPP V 7701：可能属于一个个体的部分右侧髂骨，左侧耻骨和左右侧腓骨的远端，另一个体的部分胫骨，以及分属若干个体的脊椎；IVPP V 7702：部分上下颌及牙齿；IVPP V 7703：部分左上颌骨和右齿骨前端；IVPP V 7704：右上颌骨和左下颌支；IVPP 野外号 64047：若干个体的零散骨骼；XGMRM G94Kh201：部分头骨及头后骨架，缺失尾部（Brinkman et al., 2001）。

鉴别特征　末端呈 V 字形的钩状的眼睑骨，中后部下颌齿冠边缘上有多达 21 个小锯齿；骨化腱后延至尾椎中段，髂骨的髋臼后突较长。

产地与层位　新疆准噶尔盆地，IVPP 标本产于德仑山，XJGMM 标本发现于乌尔禾；下白垩统吐谷鲁群。

评注　新疆种头骨保存相对较差，因此许多常用于鉴别鹦鹉嘴龙其他种的特征在新疆种中未知。

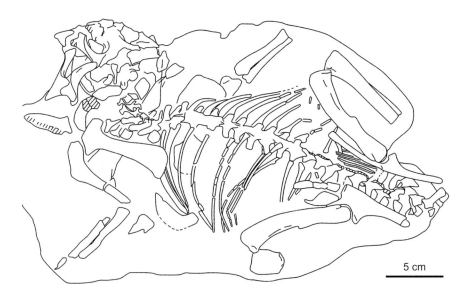

图 68　新疆鹦鹉嘴龙 *Psittacosaurus xinjiangensis* (IVPP V 7698) 骨骼埋藏图

内蒙古鹦鹉嘴龙 *Psittacosaurus neimongoliensis* Russell et Zhao, 1996

（图 69）

正模　IVPP RV 96001（野外编号 12-0888-2）：一近完整骨架，缺失头骨后部和尾椎远端。内蒙古鄂尔多斯盆地杭锦旗东约 63 km，下白垩统伊金霍洛组。

归入标本　IVPP RV 96002（野外编号 07-0888-11）：破碎头骨；IVPP RV 96004（野外编号 12-0888-1）：一个背椎，六个荐椎，一串尾椎，不全髂骨和坐骨及肢骨；IVPP RV 96003（野外编号 12-0888-3）：头骨右侧和头后骨的前半部。

鉴别特征 两鼻骨后端沿中线相接，不被额骨分开，额骨较梅勒营种和蒙古种的窄，眼眶间额骨的宽度约为额骨长的 30%，鳞骨前支不像在蒙古种、中国种和新疆种中那样到达上颞窗的前壁，颞间弓也像中国种中那样略向后侧方伸展；髂骨远端不像蒙古种的那样扁平。

产地与层位 内蒙古鄂尔多斯盆地杭锦旗东约 63 km，下白垩统伊金霍洛组。

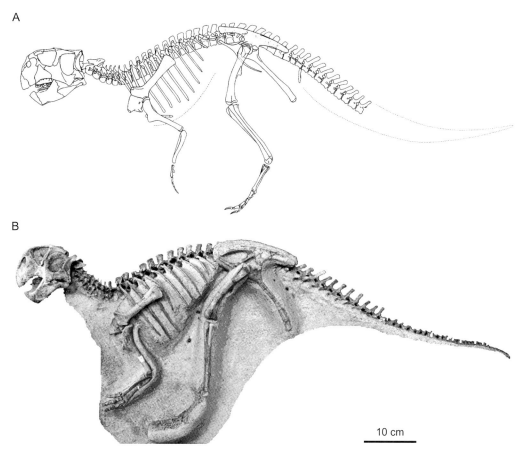

图 69 内蒙古鹦鹉嘴龙 *Psittacosaurus neimongoliensis*
A. 骨架线条复原图，改自 Russell et Zhao, 1996；B. 骨架装架复原图

鄂尔多斯鹦鹉嘴龙 *Psittacosaurus ordosensis* Russell et Zhao, 1996

(图 70)

正模 IVPP RV 96005（野外编号 07-0888-1）：一头骨的下半部，下颌，左后肢。内蒙古鄂尔多斯盆地杭锦旗阿鲁柴登附近，下白垩统伊金霍洛组。

归入标本 IVPP RV 96006（野外编号 07-0888-5）：左轭骨和方骨，两个颈椎，七个脊椎和肋骨碎片及左肩胛骨。

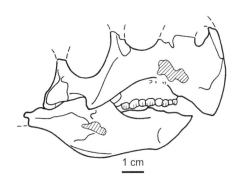

图 70 鄂尔多斯鹦鹉嘴龙 *Psittacosaurus ordosensis*（IVPP RV 96005）头骨右侧视；改自 Russell et Zhao, 1996

鉴别特征 较小个体，有一发育的轭骨角突。不同于中国种的特征有颌骨齿列直而不弯，轭骨角突较短，方骨没有发育的后缘凹，下颌上有腹侧边嵴，下颌孔存在，胫骨较头骨略长，第一和第三蹠骨长度之比为 0.7。与新疆种的区别在于未磨蚀上颌齿冠呈卵圆形，上颌齿有 8–11 个较大嵴，主嵴与牙齿前缘间有一浅凹。

产地与层位 内蒙古鄂尔多斯盆地杭锦旗阿鲁柴登附近，下白垩统伊金霍洛组。

评注 Sereno（2010）认为鄂尔多斯种有可能归入中国种。

马鬃山鹦鹉嘴龙 *Psittacosaurus mazongshanensis* Xu, 1997

（图 71）

正模 IVPP V 12165：一近完整头骨带下颌和与之相联的颈椎、背椎、荐椎和前肢，

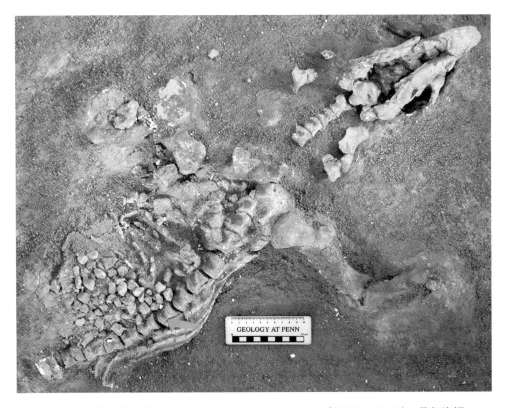

图 71 马鬃山鹦鹉嘴龙 *Psittacosaurus mazongshanensis*（IVPP V 12165），骨架腹视

并保存有胃石。内蒙古额济纳旗算井子盆地，下白垩统新民堡群。

鉴别特征 个体较大的鹦鹉嘴龙。吻部较长，使头骨顶视更像 Y 形而不是 V 形，上颌骨瘤突发育；前齿骨背缘有一结节，下颌与方骨的关节面呈杯状，而不像在其他种中是平的；牙齿锯齿数目较多，次生嵴细长。

评注 Sereno（2010）认为马鬃山种材料有限，没有可靠的特征与其他种相区别，为无效种。

陆家屯鹦鹉嘴龙 *Psittacosaurus lujiatunensis* Zhou, Gao, Fox et Chen, 2006
（图 72）

正模 ZMNH M8137：一基本完整头骨带下颌。辽宁北票陆家屯，下白垩统义县组。

归入标本 ZMNH M8138：一几近完整头骨带下颌及最前端的三个颈椎；GMPKU PKUP V1053：一幼年个体完整头骨带部分下颌；GMPKU PKUP V1054：一近成年个体完整头骨带下颌及寰椎和枢椎。

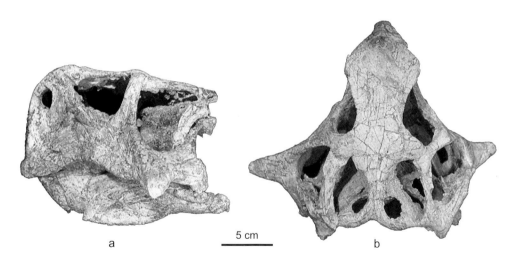

5 cm

图 72 陆家屯鹦鹉嘴龙 *Psittacosaurus lujiatunensis* (ZMNH M8137) 头骨带下颌
a.左侧视，b.背视

鉴别特征 个体较大的鹦鹉嘴龙。头骨顶视最宽处不小于头骨长，眶孔高度不超过其下轭骨高，前额骨窄，其宽度不超过鼻骨宽度的 50%；上颌骨瘤突上翘，轭骨外侧面中央有一浅凹，方轭骨和鳞骨沿方骨前缘相接，轭骨和方骨在下颞窗后下方相接，轭骨角突起始处相对后位并指向侧后方。

产地与层位 辽宁北票陆家屯，下白垩统义县组。

评注 陆家屯种和较大种都发现于辽西的义县组，个体也都较大。Sereno（2010）认为陆家屯种和较大种亲缘关系密切。

较大鹦鹉嘴龙 *Psittacosaurus major* Sereno, Zhao, Brown et Tan, 2007

（图 73）

正模 LHGPI PV1：一基本完整个体，头骨缺失右侧和大部分左侧眼睑骨以及右侧

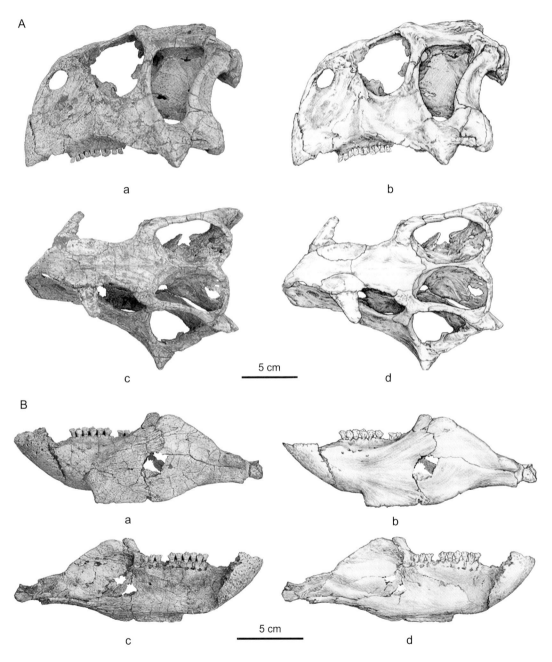

图 73 较大鹦鹉嘴龙 *Psittacosaurus major* (IGCAGS VD004)

A. 头骨：a, b. 左侧视，c, d. 背视；B. 左下颌支：a, b. 侧视，c, d. 内视

眶后骨和鳞骨的一部分；颅后骨骼缺失左侧耻骨，右侧桡骨和部分右侧前足，左侧胫腓骨和部分左后足。辽宁北票陆家屯，下白垩统义县组。

归入标本 IGCAGS VD004：一完整头骨带下颌（You et al., 2008）；JZMP V-11：一较完整个体（Lü et al., 2007c）。

鉴别特征 眶孔高度略大于其下轭骨高，下颞窗高，近三角形，鼻骨间最大宽度、眶孔间额骨宽度和吻部最大宽度相当，轭骨角突指向腹侧方；齿骨腹缘边嵴非常发育，约为下颌高度的1/3；7个荐椎。

产地与层位 辽宁北票陆家屯，下白垩统义县组。

评注 Sereno 等（2007）在命名文章中用"major"作种名，意指新种有相对较大的头骨（头长约为荐椎前躯干长的40%），但 Sereno（2010）认为这一特征也出现在蒙古种以外的其他鹦鹉嘴龙中。较大鹦鹉嘴龙和陆家屯鹦鹉嘴龙均出自辽宁省北票市陆家屯一带的义县组中，至少成百具或上千具标本被发现，较大个体标本体长超过两米。根据对较大种归入标本 IGCAGS VD004 的研究，You 等（2008）确认了两种的有效性，较大种的头骨较长而窄，而陆家屯种的头骨相对短而宽。Lü 等（2007c）报道的一具标本也归入此种。

戈壁鹦鹉嘴龙 *Psittacosaurus gobiensis* Sereno, Zhao et Tan, 2009
（图 74）

正模 LHGPI PV2：一完整并保存有胃石的个体，仅缺失部分荐椎、腰带、尾椎、右前足和右后肢。内蒙古苏红图西南，下白垩统巴音戈壁组。

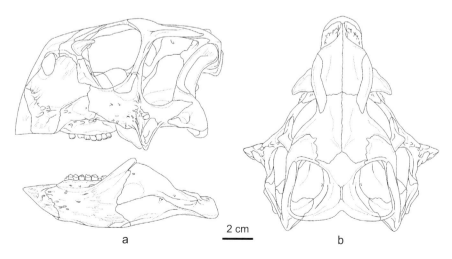

2 cm

图 74 戈壁鹦鹉嘴龙 *Psittacosaurus gobiensis*（LHGPI PV2）头骨及下颌
a. 左侧视，b. 背视

鉴别特征 个体较小（长约 1 m），具以下自有裔征：眶后棒上的锥形角突主要由眶后骨组成，并在其下方有一浅凹，眶后棒最窄处约为其基部宽的 50%，反关节突向内后侧弯曲，与下颌主轴夹角约 40°，上颌齿舌侧面和下颌齿唇侧面釉质层薄而有限。

评注 Sereno 等（2009）文中提到同一地点还有其他材料可归入此种，并且同一层位还发现有鹦鹉嘴龙蒙古种的部分头骨（LH PV3），但未做记述。

红山龙属 Genus *Hongshanosaurus* You, Xu et Wang, 2003

模式种 侯氏红山龙 *Hongshanosaurus houi* You, Xu et Wang, 2003

鉴别特征 头骨有一个较长的眶前区，约为头长的 1/2，而在鹦鹉嘴龙属中眶前区长度不超过头长的 40%，头骨背视宽度大于长度；外鼻孔、眼眶和下颞孔均似椭圆形且长轴指向背后方；吻骨侧视三角形，前腹端未下垂；前颌骨发育，构成眶前区的主体，其背后端与轭骨间连接较宽，两前颌骨在腭面相连中间围成一小孔；轭骨非常发育，轭骨角突在眼眶下方向外侧伸展，轭骨后突末端分叉；方轭骨侧视可见；方骨的下颌关节髁明显下垂，不被方轭骨侧向遮蔽。前齿骨侧视三角形而背视末端圆滑呈 U 形；齿骨背腹向高，沿其腹侧缘有一边嵴发育；齿骨和隅骨间有一小的下颌外孔。无前颌齿；每侧上下颌齿列各有 8 枚互不叠置的牙齿，齿冠唇舌侧面均有釉质层发育；上颌齿唇侧面上发育一中嵴，下颌齿舌侧面无中嵴而有若干不发育的纵嵴。

中国已知种 仅模式种。

分布与时代 辽宁，早白垩世。

评注 Zhou 等（2006）和 Sereno（2010）对红山龙属的有效性有质疑，认为头骨的后倾是由于后期变形所致，因此认为红山龙属与鹦鹉嘴龙属的差别不至于在属一级水平上，有可能是陆家屯种的同物异名。

侯氏红山龙 *Hongshanosaurus houi* You, Xu et Wang, 2003

（图 75）

正模 IVPP V 12704：一幼年个体头骨带下颌。辽宁北票陆家屯，下白垩统义县组。

副模 IVPP V 12617：一成年个体头骨带下颌。辽宁北票陆家屯，下白垩统义县组。

鉴别特征 同属。

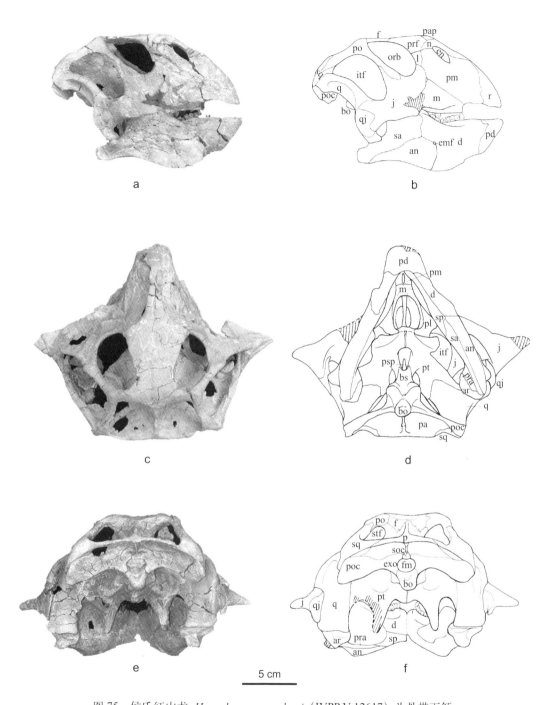

图 75　侯氏红山龙 *Hongshanosaurus houi*（IVPP V 12617）头骨带下颌

a, b. 右侧视，c, d. 背视，e, f. 后视。an. 隅骨 angular, ar. 关节骨 articular, bo. 基枕骨 basioccipital, bs. 基蝶骨 basisphenoid, d. 齿骨 dentary, emf. 外下颌孔 external mandibular fenestra, en. 外鼻孔 external naris, exo. 外枕骨 exoccipital, f. 额骨 frontal, fm. 枕骨大孔 foramen magnum, itf. 下颞孔 infratemporal fenestra, j. 轭骨 jugal, l. 泪骨 lacrimal, m. 上颌骨 maxilla, n. 鼻骨 nasal, orb. 眼眶 orbit, pa. 顶骨 parietal, pap. 眼睑骨 palpebral, pd. 前齿骨 predentary, pl. 腭骨 palatine, pm. 前颌骨 premaxilla, po. 眶后骨 postorbital, poc. 副枕骨突 paroccipital process, pra. 前关节骨 prearticular, prf. 前额骨 prefrontal, psp. 副蝶骨 parasphenoid, pt. 翼骨 pterygoid, q. 方骨 quadrate, qj. 方轭骨 quadratojugal, r. 吻骨 rostral, sa. 上隅骨 surangular, soc. 上枕骨 supraoccipital, sp. 夹板骨 splenial, sq. 鳞骨 squamosal, stf. 上颞孔 supratemporal fenestra

新角龙类 Neoceratopsia

定义与分类 新角龙类是包含粗糙三角龙（*Triceratops horridus* Marsh, 1889）而非蒙古鹦鹉嘴龙（*Psittacosaurus mongoliensis* Osborn, 1923）的最大包容分支（Sereno, 2005b）；其基干类群包括原角龙科、纤角龙科和角龙科分化之前的所有成员。目前已知五属基干新角龙类中的四属发现于中国。

形态特征 相对较大的头骨，吻骨侧突发育，眶后骨的轭骨突较短，方轭骨缩小，轭骨角突始于轭骨末端，基枕骨不构成枕骨大孔，鳞骨参与构成初步发育的顶饰（frill：即发育的顶骨 - 鳞骨架，此处译为顶饰）；侧视齿列末端被冠状突遮蔽，上隅骨侧向扩展。与较进步的后期新角龙类相比，基干新角龙类眶前区较短，不超过头骨长的一半；顶饰不很发育，颈椎没有愈合。

分布与时代 中国北方、蒙古，白垩纪。

评注 Sereno（1986）建立 Coronosauria（高冠龙类；保尔 C. 赛雷诺，1994），包括原角龙科和角龙科的最近共同祖先及其所有后裔。按照这一定义，纤角龙科是高冠龙类的姐妹群。You 和 Dodson（2004）认为纤角龙科与角龙科的亲缘关系要比与原角龙科的近，因此，纤角龙科也包括在高冠龙类之内。无论如何，基干新角龙类包括这三个主要类群分化之前的所有成员。

辽角龙属 Genus *Liaoceratops* Xu, Makovicky, Wang, Norell et You, 2002

模式种 燕子沟辽角龙 *Liaoceratops yanzigouensis* Xu, Makovicky, Wang, Norell et You, 2002

鉴别特征 三角形眶前窝较大；吻骨似鹦鹉嘴龙的侧面外隆，而不似新角龙类的呈龙骨脊状，沿吻骨腹缘向侧后方有一突起，前颌骨向背后方延伸与前额骨接触，前颌骨、上颌骨、鼻骨和前额骨在吻部侧面上方汇聚于一点，轭骨的眶后骨突向背后方延伸与鳞骨的眶后骨突相连，未见上轭骨（epijugal），愈合的顶骨有发育的矢状脊和增厚的后缘，顶饰较短不发育，方骨后面接近与方轭骨关节处有一孔隙，枕骨大孔背缘有小结节；前齿骨前端呈钩状上翘，沿齿骨腹侧缘有一边嵴发育，隅骨腹缘有若干瘤状结节，上隅骨侧向扩展；有三枚圆柱形的前颌齿，上颌齿冠中嵴不发育，齿列终结于眼眶后缘之前。

中国已知种 仅模式种。

分布与时代 辽宁，早白垩世。

燕子沟辽角龙 *Liaoceratops yanzigouensis* Xu, Makovicky, Wang, Norell et You, 2002

(图 76)

正模　IVPP V 12738：一几近完整的头骨带下颌。辽宁北票陆家屯，下白垩统义县组。

副模　IVPP V 12633：一幼年个体头骨。

归入标本　IGCAGS VD-002：一幼年个体（You et al., 2007）。

鉴别特征　同属。

产地与层位　辽宁北票陆家屯，下白垩统义县组。

2 cm

图 76　燕子沟辽角龙 *Liaoceratops yanzigouensis* (IVPP V 12738)，头骨带下颌右侧视

黎明角龙属 Genus *Auroraceratops* You, Li, Ji, Lamanna et Dodson, 2005

模式种　皱褶黎明角龙 *Auroraceratops rugosus* You, Li, Ji, Lamanna et Dodson, 2005

鉴别特征　眶前区短；轭骨、齿骨和上隅骨表面粗糙皱褶；鼻骨宽大，泪骨向背前方肿大呈蘑菇状，上轭骨存在，方轭骨发育，侧视清晰可见，其背面构成下颞孔的腹缘，翼骨突呈水平向伸展，腹视遮蔽基蝶骨和基翼骨的关节处；前齿骨水平向发育形成一尖锐的吻端并终结于外鼻孔下方位，沿上隅骨后部背缘有一侧突发育，下颌外孔存在；前颌齿 3 或 4 枚，圆柱状略肿大，表面有纵嵴发育，上颌齿 12 枚。

中国已知种　仅模式种。

分布与时代 甘肃，早白垩世。

皱褶黎明角龙 *Auroraceratops rugosus* You, Li, Ji, Lamanna et Dodson, 2005

（图 77）

正模 IGCAGS 2004-VD-001：一几近完整的头骨带下颌。甘肃酒泉公婆泉盆地，下白垩统新民堡群。

鉴别特征 同属。

图 77 皱褶黎明角龙 *Auroraceratops rugosus*（IGCAGS 2004-VD-001）头骨带下颌
a. 左侧视，b. 背视

古角龙属 Genus *Archaeoceratops* Dong et Azuma, 1997

模式种 大岛古角龙 *Archaeoceratops oshimai* Dong et Azuma, 1997

鉴别特征 小型基干新角龙类。仅轭骨侧面皱褶不平，而不像在 *Auroraceratops* 中轭骨、齿骨和上隅骨都有皱褶发育；方轭骨侧视不见；上隅骨背侧缘向外发育一棱嵴并且向前延伸至齿骨，而在 *Liaoceratops* 中无此棱嵴，在 *Auroraceratops* 中此棱嵴未延伸至齿骨。

中国已知种 *Archaeoceratops oshimai* Dong et Azuma, 1997，*A. yujingziensis* You, Tanoue et Dodson, 2010。

分布与时代 甘肃，早白垩世。

大岛古角龙 *Archaeoceratops oshimai* Dong et Azuma, 1997

(图 78)

正模　IVPP V 11114：一几近完整的头骨带下颌，部分椎骨和腰带。甘肃酒泉公婆泉盆地，下白垩统新民堡群。

副模　IVPP V 11115：较正模略小，一个体的部分椎骨（包括较完整的一串尾椎），

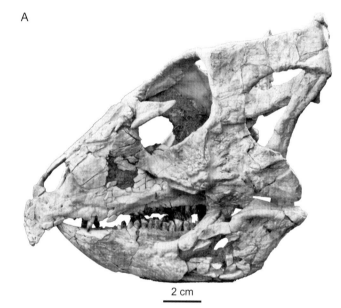

2 cm

图 78　大岛古角龙 *Archaeoceratops oshimai*（IVPP V 11114）
A. 头骨带下颌左侧视；B. 骨骼埋藏照

部分腰带和后肢（包括一完整的右后足）。甘肃酒泉公婆泉盆地，下白垩统新民堡群。

鉴别特征 吻骨向前腹侧下垂使其最末端低于下颌齿列，前颌骨前半段无齿，后半段着生 3 枚牙齿，上颌齿列约有 12 枚牙齿，轭骨表面有瘤状结节发育，方轭骨侧视几被轭骨遮蔽，三角锥形的眼睑骨固着于前额骨后缘；未见鼻骨角突和眶后骨角突，顶饰不很发育。12 个背椎，6 个荐椎；髂骨长而低，其背缘窄未见横向扩展，髋臼前突和后突长度相当且背视向外侧伸展，髂骨的坐骨柄远较耻骨柄发育且其侧面有一凹陷；第一蹠骨尤其是其近端纤细，趾式为 2-3-4-5-0，各趾最末趾节均为爪状。

俞井子古角龙 *Archaeoceratops yujingziensis* You, Tanoue et Dodson, 2010
（图 79）

正模 IGCAGS VD003：右侧头骨下半部和完整的右下颌支，一个背椎弓，一个荐椎体，三个近端尾椎，部分右肩胛骨，两侧股骨，两个蹠骨和三个趾节骨。甘肃酒泉俞井子盆地，下白垩统新民堡群。

鉴别特征 与 *A. oshimai* 相比，*A. yujingziensis* 上颌骨前段略向外侧扩张，使吻端背视呈匙状，而且前颌齿列置于上颌齿列外侧；前颌齿略指向外侧方且其齿冠上有纵饰条纹；上颌齿无主嵴；下颌齿冠底部有一水平切迹。

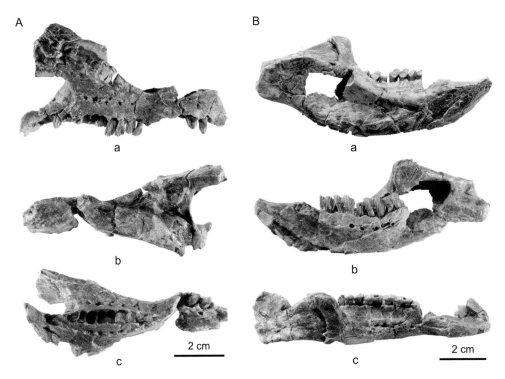

图 79　俞井子古角龙 *Archaeoceratops yujingziensis*（IGCAGS VD003）
A. 部分头骨：a. 右侧视，b. 背视，c. 腹视；B. 右下颌支：a. 侧视，b. 内视，c. 背视

太阳神角龙属 Genus *Helioceratops* Jin, Chen, Zan et Godefroit, 2009

模式种　短颌太阳神角龙 *Helioceratops brachygnathus* Jin, Chen, Zan et Godefroit, 2009

鉴别特征　小型基干新角龙类，齿骨高（齿列长度与齿骨主体最大高度之比为1.6），侧视齿骨和前齿骨腹侧支的关节面与齿骨支腹缘的夹角约为130°，下颌齿冠主嵴两侧的边缘锯齿和次生嵴不对称分布，前半部最多可见9个次生嵴而后半部最多有4个。

中国已知种　仅模式种。

分布与时代　吉林，晚白垩世。

短颌太阳神角龙 *Helioceratops brachygnathus* Jin, Chen, Zan et Godefroit, 2009
（图80）

正模　JLUM L0204-Y-3：右齿骨。吉林省公主岭市刘房子，上白垩统下部泉头组。

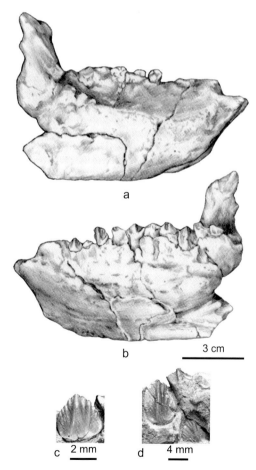

图80　短颌太阳神角龙 *Helioceratops brachygnathus* 右齿骨 (JLUM L0204-Y-3)
a. 侧视，b. 内视，c. 前部下颌齿舌侧视，d. 后部下颌齿舌侧视

副模　JLUM L0204-Y-4：左上颌骨。吉林省公主岭市刘房子，上白垩统下部泉头组。

鉴别特征　同属。

原角龙科 Family Protoceratopsidae Granger et Gregory, 1923

定义与分类　原角龙科是包含安氏原角龙（*Protoceratops andrewsi* Granger et Gregory, 1923）而非粗糙三角龙（*Triceratops horridus* Marsh, 1889）或纤细纤角龙（*Leptoceratops gracilis* Brown, 1914）的最大包容分支。

鉴别特征　前颌骨侧视背腹向高度大于其前后向长度，鼻骨角突存在但不发育，方轭骨矢状面三角形且其向前突的较细长一角与轭骨相接，枕髁较小，前齿骨末端上翘，上隅骨侧向横板发育。

中国已知属　*Protoceratops* Granger et Gregory, 1923，*Magnirostris* You et Dong, 2003。

分布与时代　蒙古、中国北方和欧洲（匈牙利），晚白垩世。

原角龙属 Genus *Protoceratops* Granger et Gregory, 1923

模式种　安氏原角龙 *Protoceratops andrewsi* Granger et Gregory, 1923

鉴别特征　前齿骨前端不低于下颌冠状突顶端，具一对鼻骨角突。与 *Bagaceratops* 相比顶饰指向背后方而不是后方，顶骨窗更发育，鳞骨 - 轭骨在下颞孔背前方相连，较高的下颌，没有附加的眶前孔。

中国已知种　*Protoceratops hellenikorhinus* Lambert, Godefroit, Li, Shang et Dong, 2001，*Protoceratops* cf. *P. andrewsi* Dong et Currie, 1993。

分布与时代　蒙古和中国北方，晚白垩世。

评注　尽管模式种安氏原角龙非常著名，但至今没有对其在中国境内确切存在的科学记述。1953 年，Bohlin 将采自内蒙古 Ulan-tsonch 几枚牙齿和一些残破的骨骼归于原角龙；但 Lambert 等（2001）认为这一标本并不能被确定归入原角龙属。1988 年，中 - 加恐龙计划（CCDP）考察队在内蒙古乌拉特后旗的巴音满都乎，东距 Ulan-tsonch 约 25 km，采得 20 多个不同年龄个体的头骨、骨架以及蛋化石。Dong 和 Currie（1993）对这批材料中的胚胎化石进行了研究，并将其中一件记述为安氏种相似种。

似希腊鼻原角龙 *Protoceratops hellenikorhinus* Lambert, Godefroit, Li, Shang et Dong, 2001

（图 81）

正模　IMM 95BM1/1：一近乎完整的头骨带下颌。内蒙古巴彦淖尔盟乌拉特后旗巴

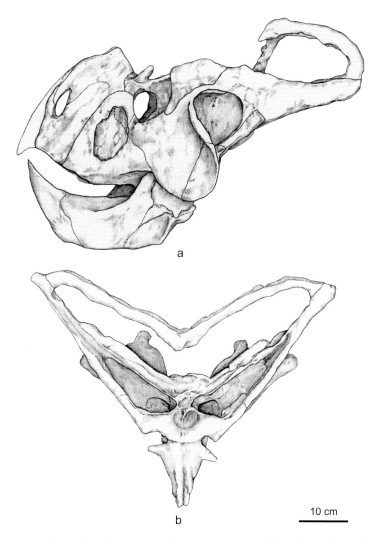

图81 似希腊鼻原角龙 *Protoceratops hellenikorhinus* （IMM 95BM1/1）头骨带下颌
a. 左侧视，b. 背视；改自 Lambert et al., 2001

音满都乎，上白垩统乌兰苏海组。

副模 IMM 96BM1/4：一近乎完整的头骨带下颌。内蒙古巴彦淖尔盟乌拉特后旗巴音满都乎，上白垩统乌兰苏海组。

归入标本 不同大小和部位的头骨（IMM 96BM1/1, IMM 98BM1/7, IMM 96BM2/1, IMM 96BM5/2, IMM 96BM5/3, IMM 96BM5/5）；头骨，相联的一串尾椎和右后肢（IMM 96BM6/4）。

鉴别特征 似希腊鼻种的头骨长可达 80 cm，而安氏种约为 50 cm。鼻骨角突发育，其前缘略有凹进，顶饰的远端向前方返折且其末缘凹凸不平，鳞骨腹支较长与方轭骨相连，外枕骨短；前齿骨前缘与腹缘间形成一明显夹角，齿骨的腹缘平直，隅骨的后缘由一三角形面形成，上颌齿冠纵嵴减弱。

产地与层位 内蒙古巴彦淖尔盟乌拉特后旗巴音满都乎，上白垩统乌兰苏海组。

评注 这批标本由中国-比利时内蒙古恐龙考察队采集，化石标本包括了从幼年到成年的不同生长阶段的头骨和颅后骨骼。似希腊鼻种的成年个体比安氏种要大一些。有些标本鼻骨上的一对角突要高些，并有较短的眶前部和更近于垂向发育的外鼻孔长轴，研究者推测这些特征为雄性所有。

安氏原角龙相似种 *Protoceratops* cf. *P. andrewsi* Dong et Currie, 1993

（图 82）

标本 IVPP V 9606：一近乎完整的头骨带下颌。内蒙古巴彦淖尔盟乌拉特后旗巴音满都乎，上白垩统乌兰苏海组。

特征 头骨背视三角形，有一尖细的吻端和不发育的后端顶饰；眼眶较大，长约为头骨长的三分之一；未见鼻骨角突；泪骨更近水平而不是垂直位，前额骨相对较大，轭骨腹侧缘直后端未下垂，头骨背面额骨顶骨凹陷区明显；上颌齿冠唇侧面有一略微后置的发育的中嵴，其前后各有一个较深的 U 形凹陷。

评注 IVPP V 9606 吻端到方骨间长 54 mm，推测其体长不超过 25 cm，而原角

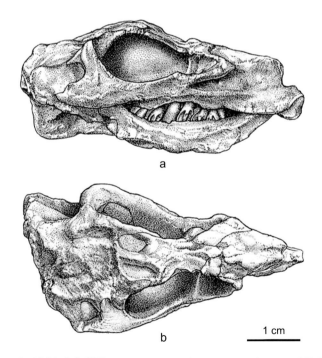

图 82 安氏原角龙相似种 *Protoceratops* cf. *P. andrewsi* (IVPP V 9606) 头骨带下颌
a. 右侧视，b. 背视；改自 Dong et Currie, 1993

龙属蛋化石长约为 12–15 cm，因此 IVPP V 9606 可以蜷缩在蛋内为一胚胎化石（Dong et Currie, 1993）。Dong 和 Currie（1993）还同时记述了其他三件原角龙科胚胎化石标本，但它们保存均没有 IVPP V 9606 好，分类位置不易确定；其中一件有可能与蒙古 *Bagaceratops* 亲缘关系较近。

巨吻角龙属 Genus *Magnirostris* You et Dong, 2003

模式种　道氏巨吻角龙 *Magnirostris dodsoni* You et Dong, 2003

鉴别特征　不仅鼻骨角突存在，而且在两眶孔的背后方各有一不很发育的角突；有一个由前颌骨和上颌骨围成的略小于外鼻孔的附加的眶前孔；眶前窝亚圆形，略小于眼眶；眶前区约为头骨长的一半，吻骨表面粗糙且非常发育，其大部超出下颌之前，最前端向前腹方尖灭形成一尖锐的喙嘴；无前颌齿，上颌骨的前三分之一段也无牙齿着生；前齿骨长，前端翘向前上方，齿骨腹缘不很平直，与前齿骨过渡圆滑。

中国已知种　仅模式种。

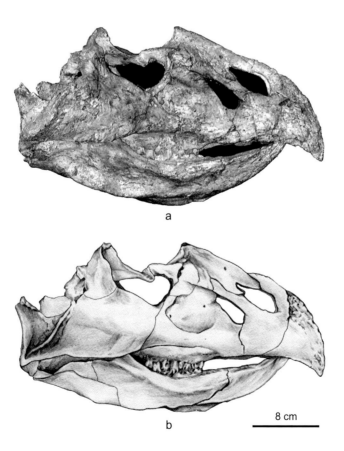

a

b

8 cm

图 83　道氏巨吻角龙 *Magnirostris dodsoni*（IVPP V 12513）头骨带下颌右侧视
a. 照片，b. 素描图

分布与时代　内蒙古，晚白垩世。

评注　附加的眶前孔的存在表明它与蒙古南戈壁晚白垩世的 *Bagaceratops* 亲缘关系较近。

道氏巨吻角龙 *Magnirostris dodsoni* You et Dong, 2003

（图 83）

正模　IVPP V 12513：一个近完整的头骨带下颌，缺失了鳞骨和顶骨。内蒙古巴彦淖尔盟乌拉特后旗巴音满都乎，上白垩统乌兰苏海组（Lambert et al., 2001）。

鉴别特征　同属。

纤角龙科 Family Leptoceratopsidae Nopcsa, 1923

定义与分类　纤角龙科是包含纤细纤角龙（*Leptoceratops gracilis* Brown, 1914）而非安氏原角龙（*Protoceratops andrewsi* Granger et Gregory, 1923）或粗糙三角龙（*Triceratops horridus* Marsh, 1889）的最大包容分支。

鉴别特征　纤角龙不像原角龙和角龙科成员那样有发育的顶饰。纤角龙的下颌背腹向高，齿骨背缘侧视向下凹陷；上颌唇侧面齿冠主嵴底端嵌入齿带，下颌唇侧面齿冠与齿根相交处增厚呈球状，且在其上发育一水平切迹。

中国已知属　*Zhuchengceratops* Xu, Wang, Zhao, Sullivan et Chen, 2010。

分布与时代　北美、亚洲和欧洲，晚白垩世。

诸城角龙属 Genus *Zhuchengceratops* Xu, Wang, Zhao, Sullivan et Chen, 2010

模式种　意外诸城角龙 *Zhuchengceratops inexpectus* Xu, Wang, Zhao, Sullivan et Chen, 2010

鉴别特征　上颌骨的后腹侧有一个无齿的后突。下颌支特高，最高处位于下颌支中部，约为其长的 1/3；下颌支很薄，腹缘宽度只有下颌支长的 3%；下颌内侧有两个大的收缩凹，由齿骨和夹板骨形成的粗棱分开；前齿骨与齿骨关节面和齿骨腹缘夹角约为 75°；齿骨高而短，其前端高度高于冠状突处；上隅骨近邻关节窝前另有一凹区，上隅骨侧视有一前腹突插入齿骨；中部颈椎背缘有一短的背突。

中国已知种　仅模式种。

分布与时代　山东，晚白垩世。

意外诸城角龙 *Zhuchengceratops inexpectus* Xu, Wang, Zhao, Sullivan et Chen, 2010

（图 84）

正模 ZCDM V0015：部分关联骨架，包括部分上颌骨，部分右侧方轭骨、轭骨和方骨，部分左侧外翼骨和翼骨，近完整左右下颌支，14 个相连的荐前椎及肋骨。山东诸城库沟，上白垩统王氏群。

鉴别特征 同属。

评注 胡承志和程政武（1986）、胡承志等（2001）报道过采自山东省胶县张应乡高山子沟王氏群一新角龙类头骨化石，可惜没有详细记述。这是山东王氏群中首次发现的新角龙类化石。从保存头骨判断可能归于纤角龙科，该化石存北京地质博物馆。2011 年，董枝明考察了该化石点，走访了参与发掘的农民，确信该化石点之产地岩层层位与诸城之库沟地区王氏组相当。

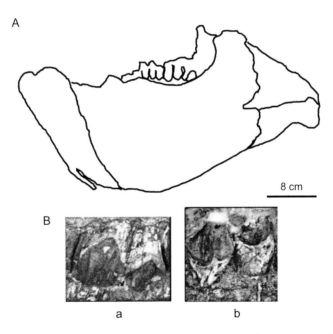

图 84 意外诸城角龙 *Zhuchengceratops inexpectus*（ZCDM V0015）
A. 左下颌支侧视；B. 牙齿：a. 上颌齿唇侧视，b. 下颌齿舌侧视

角龙科 Family Ceratopsidae Marsh, 1888

定义与分类 角龙科是包含开孔尖角龙（*Centrosaurus apertus* Lambe, 1904）和粗糙三角龙（*Triceratops horridus* Marsh, 1889）的最小包容分支；又分两个亚科：尖角龙亚科

（Centrosaurinae）和开角龙亚科（Chasmosaurinae）。

鉴别特征 外鼻孔很大，眶前孔缩小，有一鼻骨角突，泪骨缩小，额骨不构成眶孔，基枕骨和上枕骨均不围成枕骨大孔，顶饰周边有上枕突（epoccipitals）装饰；齿列延伸至冠状突之后，每一齿槽有两个以上替换齿，齿冠上附嵴消失，每颗牙齿有两个齿根；不少于十个荐椎，股骨长于胫骨，足爪蹄状。

分布与时代 除中国一属外均发现于北美，晚白垩世。

评注 发现于乌兹别克斯坦晚白垩世的 *Turanoceratops* 很可能是角龙科的姐妹群（Nessov et al., 1989），但也有人认为已属角龙科（Sues et Averianov, 2009）。

中国角龙属 Genus *Sinoceratops* Xu, Wang, Zhao et Li, 2010

模式种 诸城中国角龙 *Sinoceratops zhuchengensis* Xu, Wang, Zhao et Li, 2010

鉴别特征 较大角龙，头骨长可达 180 cm；有一小的眶前孔位于上颌骨背后缘，在其前方还有一个较大的附加的眶前孔；鼻骨愈合，其上有一略向后弯的角突，角突前侧方有两个粗隆；眶后骨上没有角突发育；顶骨和鳞骨后缘分别至少有十个和四个粗壮且弯曲的角状上枕突。顶骨边缘折曲不明显，而且上枕突基部较宽。

中国已知种 仅模式种。

分布与时代 山东，晚白垩世。

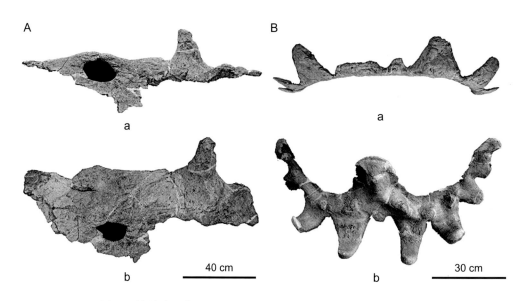

图 85 诸城中国角龙 *Sinoceratops zhuchengensis* (ZCDM V0010)
A.部分头骨：a.右侧视，b.右背侧视；B.顶骨：a.后视，b.背视

诸城中国角龙 *Sinoceratops zhuchengensis* Xu, Wang, Zhao et Li, 2010

（图 85）

正模 ZCDM V0010：头骨背后部，包括部分脑颅。山东诸城臧家庄，上白垩统王氏群。

归入标本 ZCDM V0011：头盖骨和脑颅的大部；ZCDM V0012：部分脑颅。

鉴别特征 同属。

产地与层位 山东诸城臧家庄，上白垩统王氏群。

评注 分支系统分析表明，诸城中国角龙是最基干的尖角龙。

参 考 文 献

保尔 C. 赛雷诺 . 1994. 鸟臀类恐龙的系统演化 . 陈伟 (Chen W), 彭祥凤 (Peng X F) 译 . 四川文物 , S1: 18–41

陈丕基 (Chen P J), 沈炎彬 (Shen Y B). 1983. 中国侏罗、白垩纪叶肢介动物地理区系 . 见：中国古生物学会编著 . 中国古生物地理区系 . 北京：科学出版社 . 131–141

程政武 (Cheng Z W). 1982. 爬行类 . 见：内蒙古自治区地质局编 . 内蒙古固阳含煤盆地中生代地层古生物 . 北京：地质出版社 . 123–136

丛林玉 (Cong L Y), 侯连海 (Hou L H), 吴肖春 (Wu X C)，侯晋封 (Hou J F). 1998. 扬子鳄大体解剖 . 北京：科学出版社

董枝明 (Dong Z M). 1973. 新疆古生物考察报告（二）：乌尔禾恐龙化石 . 中国科学院古脊椎动物与古人类研究所甲种专刊，11: 45–52

董枝明 (Dong Z M). 1977. 吐鲁番盆地的恐龙化石 . 古脊椎动物学报 , 15 (1): 59–66

董枝明 (Dong Z M). 1978. 山东莱阳王氏组中一肿头龙 . 古脊椎动物学报 , 16 (4): 225–228

董枝明 (Dong Z M). 1979. 华南白垩系的恐龙化石 . 见：中国科学院古脊椎动物与古人类研究所，南京地质古生物研究所编著 . 华南中、新生代红层——广东南雄"华南白垩纪—早第三纪红层现场会议"论文选集 . 北京：科学出版社 . 342–350

董枝明 (Dong Z M). 1989. 准噶尔盆地克拉美丽地区的鸟脚类 . 古脊椎动物学报 , 27 (2): 140–146

董枝明 (Dong Z M). 1993. 记新疆准噶尔盆地中侏罗世一新甲龙 . 古脊椎动物学报 , 31 (4): 257–266

董枝明 (Dong Z M). 1994. 勘误 . 古脊椎动物学报 , 32 (2): 142

董枝明 (Dong Z M). 2002. 辽宁北票地区一新的甲龙化石 . 古脊椎动物学报 , 40 (4): 276–285

董枝明 (Dong Z M), 唐治路 (Tang Z L). 1983. 四川自贡大山铺蜀龙动物群简报 II. 鸟脚类 . 古脊椎动物与古人类 , 21 (2): 168–171

董枝明 (Dong Z M), 李宣民 (Li X M), 周世武 (Zhou S W), 张奕宏 (Zhang Y H). 1977. 四川自贡剑龙化石简报 . 古脊椎动物与古人类 , 15 (4): 307–312

董枝明 (Dong Z M), 唐治路 (Tang Z L), 周世武 (Zhou S W). 1982. 四川自贡大山铺蜀龙动物群简报 I. 剑龙 . 古脊椎动物与古人类 , 20 (1): 83–86

董枝明 (Dong Z M), 周世武 (Zhou S W), 张奕宏 (Zhang Y H). 1983. 四川盆地侏罗纪恐龙化石 . 中国古生物志 , 总号第 162 册 , 新丙种第 23 号 : 1–145

方晓思 (Fang X S), 庞其清 (Pang Q Q), 卢立伍 (Lu L W), 张子雄 (Zhang Z X), 潘世刚 (Pan S G), 王育敏 (Wang Y M), 李锡康 (Li X K), 程政武 (Cheng Z W). 2000. 云南禄丰地区下、中、上侏罗统的划分 . 见：第三届全国地层会议论文集 . 北京：地质出版社 . 208–214

何信禄 (He X L). 1979. 四川自贡新发现的鸟脚类恐龙化石——盐都龙 . 国际交流地质学术论文集 , 2: 116–123

何信禄 (He X L). 1984. 四川脊椎动物化石 . 成都：四川科学技术出版社

何信禄 (He X L), 蔡开基 (Cai K J). 1983. 四川自贡大山铺中侏罗世的鸟脚类恐龙 . 成都地质学院学报 , 增刊 1: 5–14

何信禄 (He X L), 蔡开基 (Cai K J). 1988. 四川自贡大山铺中侏罗世恐龙动物群 , 第一辑 , 鸟脚类恐龙 . 成都：四川科学技术出版社

侯连海 (Hou L H). 1977. 安徽白垩纪一原始肿头龙化石 . 古脊椎动物学报 , 15 (3): 198–202

胡承志 (Hu C Z). 1973. 山东诸城巨型鸭嘴龙化石. 地质学报, (2): 179–206

胡承志 (Hu C Z), 程政武 (Cheng Z W). 1986. 巨型山东龙再研究的新进展. 中国地质科学院院报, 14: 163–170

胡承志 (Hu C Z), 程政武 (Cheng Z W), 庞其清 (Pang Q Q). 2001. 巨型山东龙. 北京: 地质出版社

姬书安 (Ji S A). 1997. 鹦鹉嘴龙类的胃石. 世界地质, 16 (4): 26

姬书安 (Ji S A). 2004. 辽宁凌源义县组恐龙皮肤印痕化石. 地质论评, 50 (2): 170–174

姬书安 (Ji S A), 薄海臣 (Bo H C). 1998. 鹦鹉嘴龙类皮肤印痕化石的发现及其意义. 地质论评, 44 (6): 603–606

季燕南 (Ji Y N). 2010. 巨型山东龙的系统分类、生活习性与生态环境研究. 地学前缘, 17 (1): 378–385

庞其清 (Pang Q Q), 程政武 (Cheng Z W). 1998. 山西天镇晚白垩世一新甲龙. 自然科学进展, 8 (6): 707–714

彭光照 (Peng G Z). 1990. 四川自贡小型鸟脚类一新属. 自贡恐龙博物馆通讯, 2: 19–29

彭光照 (Peng G Z). 1992. 四川自贡大山铺的劳氏灵龙. 古脊椎动物学报, 30 (1): 39–53

彭光照 (Peng G Z), 叶勇 (Ye Y), 高玉辉 (Gao Y H), 舒纯康 (Shu C K), 江山 (Jiang S). 2005. 自贡地区侏罗纪恐龙动物群. 成都: 四川出版集团四川人民出版社

汪筱林 (Wang X L), 徐星 (Xu X). 2001. 辽西义县组禽龙类新属种: 杨氏锦州龙. 科学通报, 46 (5): 419–423

吴绍祖 (Wu S Z). 1973. 新疆发现的牙克煞龙化石. 古脊椎动物与古人类, 11 (2): 217–218

吴文昊 (Wu W H), Godefroit P, 韩建新 (Han J X). 2010a. 黑龙江嘉荫晚白垩世一鸭嘴龙亚科恐龙齿骨化石. 世界地质, 29 (1): 1–5

吴文昊 (Wu W H), Godefroit P, 胡东宇 (Hu D Y). 2010b. 辽宁义县组禽龙类恐龙一新属种——义县薄氏龙 *Bolong yixianensis* gen. et sp. nov. 地质与资源, 19 (2): 127–133

徐莉 (Xu L), 吕君昌 (Lü J C), 张兴辽 (Zhang X L), 贾松海 (Jia S H), 胡卫勇 (Hu W Y), 张纪明 (Zhang J M), 吴炎华 (Wu Y H), 季强 (Ji Q). 2007. 河南汝阳白垩纪一新的结节龙类恐龙化石. 地质学报, 81 (4): 1–8

徐星 (Xu X), 赵喜进 (Zhao X J). 1999. 鹦鹉嘴龙化石研究及其地层学意义. 见: 王元青 (Wang Y Q), 邓涛 (Deng T) 编辑. 第七届中国古脊椎动物学学术年会论文集. 北京: 海洋出版社. 75–80

徐星 (Xu X), 汪筱林 (Wang X L), 尤海鲁 (You H L). 2000a. 辽宁早白垩世义县组一原始鸟脚类恐龙. 古脊椎动物学报, 38 (4): 318–325

徐星 (Xu X), 赵喜进 (Zhao X J), 吕君昌 (Lü J C), 黄万波 (Huang W B), 李占扬 (Li Z Y), 董枝明 (Dong Z M). 2000b. 河南内乡桑坪组一新禽龙及其地层学意义. 古脊椎动物学报, 38 (3): 176–191

薛祥煦 (Xue X X), 张云翔 (Zhang Y X), 毕延 (Bi Y), 岳乐平 (Yue L P), 陈丹玲 (Chen D L). 1996. 秦岭东段山间盆地的发育及自然环境变迁. 北京: 地质出版社

杨大山 (Yang D S), 魏正一 (Wei Z Y), 李蔚荣 (Li W R). 1986. 黑龙江省嘉荫白垩纪鸭嘴龙化石初步报道. 黑龙江自然资源, 1986: 1–10

杨钟健 (Young C C). 1951. 禄丰蜥龙动物群. 中国古生物志, 总号第 134 册, 新丙种第 13 号: 1–96

杨钟健 (Young C C). 1958a. 山东莱阳恐龙化石. 中国古生物志, 总号第 142 册, 新丙种第 16 号: 1–138

杨钟健 (Young C C). 1958b. 首次在山西发现的恐龙化石. 古脊椎动物学报, 2 (4): 231–236

杨钟健 (Young C C). 1959. 四川渠县一新剑龙. 古脊椎动物与古人类, 1 (1): 1–6

杨钟健 (Young C C). 1964. 袁氏所采新疆内蒙恐龙化石补记. 古脊椎动物与古人类, 8 (4): 398–401

杨钟健 (Young C C). 1982a. 云南禄丰一新鸟脚类. 见: 杨钟健文集编辑委员会编. 杨钟健文集. 北京: 科学出版社. 29–35

杨钟健 (Young C C). 1982b. 云南省禄丰县恐龙一新属种. 见: 杨钟健文集编辑委员会编. 杨钟健文集. 北京: 科学出版社. 38–42

杨钟健 (Young C C), 王存义 (Wang C Y). 1959. 山东莱阳恐龙化石的新采掘. 古脊椎动物与古人类, 1 (1): 53–54

杨钟健 (Young C C), 赵喜进 (Zhao X J). 1972. 合川马门溪龙. 中国科学院古脊椎动物与古人类研究所甲种专刊, 8: 1–45

昝淑芹 (Zan S Q), 金利勇 (Jin L Y), 陈军 (Chen J), 续颜 (Xu Y). 2003. 吉林中部白垩纪恐龙动物群的发现及其意义. 吉林大学学报 (地球科学版), 33 (1): 119–120

昝淑芹 (Zan S Q), 陈军 (Chen J), 金利勇 (Jin L Y), 李涛 (Li T). 2005. 吉林省中部早白垩世泉头组一原始鸟脚类化石. 古脊椎动物学报, 43 (3): 182–193

赵喜进 (Zhao X J). 1962. 山东莱阳鹦鹉嘴龙一新种. 古脊椎动物与古人类, 6 (4): 349–360

赵喜进 (Zhao X J). 1985. 侏罗纪的爬行动物. 见：王思恩 (Wang S E) 等编著. 中国的侏罗系. 北京：地质出版社. 286–289

赵喜进 (Zhao X J), 李敦景 (Li D J), 韩岗 (Han G), 赵华锡 (Zhao H X), 刘凤光 (Liu F G), 李来进 (Li L J), 方晓思 (Fang X S). 2007. 山东的巨大诸城龙. 地球学报, 28 (2): 111–122

甄朔南 (Zhen S N). 1976. 山东莱阳鸭嘴龙一新种. 古脊椎动物与古人类, 14 (3): 166–168

甄朔南 (Zhen S N), 王存义 (Wang C Y). 1959. 山东莱阳恐龙及蛋化石采掘简报. 古脊椎动物与古人类, 1 (1): 55–57

甄朔南 (Zhen S N), 王存义 (Wang C Y). 1961. 关于棘鼻青岛龙的一点新资料. 古脊椎动物与古人类, (1): 72–73

朱松林 (Zhu S L). 1994. 记四川盆地营山县一剑龙化石. 四川文物, S1: 8–14

Alcober O A, Martinez R N. 2010. A new herrerasaurid (Dinosauria, Saurischia) from the Upper Triassic Ischigualasto Formation of northwestern Argentina. ZooKeys, 63: 55–81

Bakker R T. 1972. Anatomical and ecological evidence of endothermy in dinosaurs. Nature, 238: 81–85

Bakker R T, Galton P M. 1974. Dinosaur monophyly and a new class of vertebrates. Nature, 248: 168–172

Bakker R T, Sullivan R M, Porter V et al. 2006. *Dracorex hogwartsia*, n. gen., n. sp., a spiked, flat-headed pachycephalosaurid dinosaur from the Upper Cretaceous Hell Creek Formation of South Dakota. In: Lucas S G, Sullivan R M eds. Late Cretaceous Vertebrates from the Western Interior. Albuquerque: New Mexico Museum of Natural History and Science. 331–345

Barrett P M. 2009. The affinities of the enigmatic dinosaur *Eshanosaurus deguchiianus* from the Early Jurassic of Yunnan Province, People's Republic of China. Palaeontology, 52 (4): 681–688

Barrett P M, Han F L. 2009. Cranial anatomy of *Jeholosaurus shangyuanensis* (Dinosauria: Ornithischia) from the Early Cretaceous of China. Zootaxa, 2072: 31–55

Barrett P M, Xu X. 2005. A reassessment of *Dianchungosaurus lufengensis* Yang, 1982a, an enigmatic reptile from the Lower Lufeng Formation (Lower Jurassic) of Yunnan Province, People's Republic of China. Journal of Paleontology, 79 (5): 981–986

Barrett P M, You H L, Upchurch P, Burton A C. 1998. A new ankylosaurian dinosaur (Ornithischia: Ankylosauria) from the Upper Cretaceous of Shanxi Province, People's Republic of China. Journal of Vertebrate Paleontology, 18 (2): 376–384

Barrett P M, Butler R J, Knoll F. 2005. Small-bodied ornithischian dinosaurs from the Middle Jurassic of Sichuan, China. Journal of Vertebrate Paleontology, 25 (4): 823–834

Barrett P M, Butler R J, Wang X L, Xu X. 2009a. Cranial anatomy of the iguanodontoid ornithopod *Jinzhousaurus yangi* from the Lower Cretaceous Yixian Formation of China. Acta Palaeontologica Polonica, 54 (1) : 35–48

Barrett P M, McGowan A J, Page V. 2009b. Dinosaur diversity and the rock record. Proceedings of the Royal Society Biological Sciences Series B, 276 (1667): 2667–2674

Benton M J. 1990. Phylogeny of the major tetrapod groups: morphological data and divergence dates. Journal of Molecular Evolution, 30 (5): 409–424

Benton M J. 1997. Origin and early evolution of dinosaurs. In: Farlow J O, Brett-Surman M K eds.The Complete Dinosaur. Indiana University Press. 9–10

Benton M J. 2005. Vertebrate Palaeotology, third edition. Malden, USA; Oxford, UK; Carlton, Australia: Blackwell Publishing. 455 pp

Benton M J. 2010. Naming dinosaur species: the performance of prolific authors. Journal of Vertebrate Paleontology, 30 (5): 1478–1485

Bien M N. 1941. "Red Beds" of Yunnan. Bulletin of the Geological Society of China, 21 (2): 157–198

Bohlin B. 1953. Fossil reptiles from Mongolia and Kansu. Reports from the Scientific Expedition to the North-western Provinces of China Under Leadership of Dr Sven Hedin Publication, 37: 1–113

Bonaparte J F. 1976. *Pisanosaurus mertii* Casamiquela and the origin of the Ornithischia. Journal of Paleontology, 50 (5): 808–820

Bonaparte J F, Powell J E. 1980. A continental assemblage of tetrapods from the Upper Cretaceous beds of El Brete, northwestern Argentina (Sauropoda-Coelurosauria-Carnosauria-Aves). Mem Soc geol Fr, NS, 139: 19–28

Boulenger G A. 1881. Sur l'arc pelvien chez les dinosauriens de Bernissart. Bulletins de l'Académie Royale de Belgique, 3 série, 1: 600–608

Brett-Surman M K. 1979. Phylogeny and palaeobiogeography of hadrosaurian dinosaurs. Nature, 277: 560–562

Brett-Surman M K. 1989. Revision of the Hadrosauridae (Reptilia: Ornithischia) and their evolution during the Campanian and Maastrichtian. Washington D.C.: George Washington University. 192pp

Brinkman D B, Sues H D. 1987. A staurikosaurid dinosaur from the Upper Triassic Ischigualasto Formation of Argentina and the relationships of the Staurikosauridae. Palaeontology, 30: 493–503

Brinkman D B, Eberth D A, Ryan M J, Chen P J. 2001. The occurrence of *Psittacosaurus xinjiangensis* Sereno and Chow, 1988 in the Urho area, Junggar Basin, Xinjiang, People's Republic of China. Canadian Journal of Earth Sciences, 38 (12): 1781–1786

Brown B. 1908. The Ankylosauridae, a new family of armored dinosaurs from the Upper Cretaceous. Bulletin of the American Museum of Natural History, 24: 187–201

Brown B. 1912. A crested dinosaur from the Edmonton Cretaceous. Bulletin of the American Museum of Natural History, 31: 131–136

Brown B. 1914. *Corythosaurus casuarius*, a new crested dinosaur from the Belly River Cretaceous, with provisional classification of the family Trachodontidae. Bulletin of the American Museum of Natural History, 33: 559–565

Brown B, Schlaikjer E M. 1943. A study of the troodont dinosaurs with the description of a new genus and four new species. Bulletin of the American Museum of Natural History, 82: 121–147

Brusatte S L, Nesbitt S J, Irmis R B, Butler R J, Benton M J, Norell M A. 2010. The origin and early radiation of dinosaurs. Earth-Science Reviews, 101: 68–100

Buckland W. 1824. Notice on the *Megalosaurus* or great fossil lizard of Stonesfield. Transactions of the Geological Society, 2nd Series 1: 390–396

Buffetaut E. 1995. An ankylosaurid dinosaur from the Upper Cretaceous of Shandong (China). Geological Magazine, 132 (6):

683–692

Buffetaut E, Tong-Buffetaut H. 1993. *Tsintaosaurus spinorhinus* Young and *Tanius sinensis* Wiman: a preliminary comparative study of two hadrosaurs (Dinosauria) from the Upper Cretaceous of China. Comptes Rendus de l'Academie des Sciences Paris, sie II, 317: 1255–1261

Buffetaut E, Tong-Buffetaut H. 1995. The Late Cretaceous dinosaurs of Shandong, China: old finds and new interpretations. In: Sun A-L, Wang Y-Q eds. Sixth Symposium on Mesozoic Terrestrial Ecosystems and Biota, Short Papers. Beijing: China Ocean Press. 139–142

Butler R J, Sullivan R M. 2009. The phylogenetic position of the ornithischian dinosaur *Stenopelix valdensis* from the Lower Cretaceous of Germany and the early fossil record of Pachycephalosauria. Acta Palaeontologica Polonica, 54 (1): 21–34

Butler R J, Zhao Q. 2009. The small-bodied ornithischian dinosaurs *Micropachycephalosaurus hongtuyanensis* and *Wannanosaurus yansiensis* from the Late Cretaceous of China. Cretaceous Research, 30: 63–77

Butler R J, Smith R M, Norman D B. 2007. A primitive ornithischian dinosaur from the Late Triassic of South Africa, and the early evolution and diversification of Ornithischia. Proceedings of the Royal Society Biological Sciences Series B, 274 (1621): 2041–2046

Butler R J, Upchurch P, Norman D B. 2008. The phylogeny of the ornithischian dinosaurs. Journal of Systematic Palaeontology, 6 (1): 1–40

Butler R J, Galton P M, Porro L B, Chiappe L M, Henderson D M, Erickson G M. 2009. Lower limits of ornithischian dinosaur body size inferred from a new Upper Jurassic heterodontosaurid from North America. Proceedings of the Royal Society Biological Sciences Series B, doi: 10.1098/rspb.2009.1494

Cantino P D, de Queiroz K. 2010. PhyloCode: International Code of Phylogenetic Nomenclature, Version 4c. http://www.ohio. edu/phylocode/.

Carpenter K. 1994. Baby *Dryosaurus* from the Upper Jurassic Morrison Formation of Dinosaur National Monument. In: Carpenter K, Hirsch K F, Horner J R eds. Dinosaur Eggs and Babies. Cambridge: Cambridge University Press. 288–297

Carpenter K. 2001. Phylogenetic analysis of the Ankylosauria. In: Carpenter K ed. The Armored Dinosaurs. Bloomington: Indiana University Press. 455–483

Carpenter K, Ishida Y. 2010. Early and"Middle"Cretaceous iguanodonts in time and space. Journal of Iberian Geology, 36 (2): 145–164

Casamiquela R M. 1967. Un nuevo dinosaurio ornitiquio Triasico (*Pisanosaurus mertii*; Ornithopoda) de la Formacion Ischigualasto, Argentina. Ameghiniana, 4 (2): 47–64

Chapman R E, Brett-Surman M K. 1990. Morphometric observations on hadrosaurid ornithopods. In: Carpenter K, Currie P J eds. Dinosaur Systematics: Perspectives and Approaches. Cambridge: Cambridge University Press. 163–177

Charig A J. 1976. "Dinosaur monophyly and a new class of vertebrates": a critical review. In: Bellaris A d A, Cox B B eds. Morphology and Biology of the Reptiles. London: Linnean Society of London. 65–104

Chatterjee S. 1985. *Postosuchus*, a new thecodontian reptile from the Triassic of Texas and the origin of tyrannosaurs. Philosophical Transactions of the Royal Society of London B, 309: 395–460

Chen P J, Li J, Matsukawa M et al. 2006. Geological ages of dinosaur-track-bearing formations in China. Cretaceous Research, 27 (1): 22–32

Choiniere J N, Xu X, Clark J M, Forster C A, Guo Y, Han F L. 2010. A basal alvarezsauroid theropod from the early Late

Jurassic of Xinjiang, China. Science, 327 (5965): 571–574

Chow M C. 1951. Notes on the Late Cretaceous dinosaurian remains and the fossil eggs from Laiyang Shantung. Bulletin of the Geological Society of China, 31 (1–4): 89–96

Colbert E H, Cowles R B, Bogert C M. 1946. Temperature tolerance in the American alligator and their bearing on the habits, evolution, and extinction of the dinosaurs. Bulletin of the American Museum of Natural History, 86: 327–374

Coombs W P, Maryańska T. 1990. Ankylosauria. In: Weishampel D B, Dodson P, Osmólska H eds. The Dinosauria. Berkeley: University of California Press. 456–483

Cooper M R. 1985. A revision of the ornithischian dinosaur *Kangnasaurus coetzeei* Haughton, with a classification of the Ornithischia. Annals of the South African Museum, 95 (8): 281–317

Cope E D. 1870. Synopsis of the extinct Batrachia, Reptilia, and Aves of North America. Transactions of the American Philosophical Society, 14: 1–252

Crompton A W, Charig A J. 1962. A new ornithischian from the Upper Triassic of South Africa. Nature, 196: 1074–1077

de Beer G. 1954. *Archaeopteryx lithographica*, a study based upon the British Museum specimen. British Museum Publication, 224: 1–68

de Buffrenil V, Farlow J O, de Ricqles A. 1986. Growth and function of stegosaurus plate: evidence from bone histology. Paleobiology, 12: 459–473

de Queiroz K, Gauthier J. 1990. Phylogeny as a Central Principle in Taxonomy: Phylogenetic Definitions of Taxon Names. Systematic Zoology, 39: 307–322

de Queiroz K, Gauthier J. 1992. Phylogenetic taxonomy. Annual Review of Ecology and Systematics, 23: 449–480

de Queiroz K, Gauthier J. 1994. Toward a phylogenetic system of biological nomenclature. Trends in Research in Ecology and Evolution 9 (1): 27–31

Dollo L. 1888. Iguanodontidae et Camptonotidae. C R Acad Paris, 106: 775–777

Dong Z M. 1990. Stegosaurs of Asia. In: Carpenter K, Currie P J eds. Dinosaur Systematics: Perspectives and Approaches. Cambridge: Cambridge University Press. 255–268

Dong Z M. 1992. Dinosaurian faunas of China. Beijing, Berlin, Heidelberg, NewYork, London, Paris, Tokyo, Hong Kong, Barcelona, Budapest: China Ocean Press, Springer-Verlag

Dong Z M. 1993. A new species of stegosaur (Dinosauria) from the Ordos Basin, Inner-Mongolia, Peoples-Republic-of-China. Canadian Journal of Earth Sciences, 30 (10-11): 2174–2176

Dong Z M. 1994. Reeatum. Vertebrata Palasiatica, 32 (2): 142

Dong Z M. 1997a. Hunting dinosaurs in China. In: Wolberg D L, Stump E, Rosenberg G D eds. Dinofest International. Philadelphia: Academy of Natural Sciences. 259–264

Dong Z M. 1997b. A small ornithopod from Mazongshan area, Gansu Province, China. In: Dong Z ed. Sino-Japanese Silk Road Dinosaur Expedition. Beijing: China Ocean Press. 24–26

Dong Z M. 2001. Primitive armored dinosaur from the Lufeng Basin, China. In: Tanke D H, Carpenter K eds. Mesozoic Vertebrate Life. Bloomington: Indiana University Press. 237–242

Dong Z M, Azuma Y. 1997. On a primitive neoceratopsian from the Early Cretaceous of China. In: Dong Z ed. Sino-Japanese Silk Road Dinosaur Expedition. Beijing: China Ocean Press. 68–89

Dong Z M, Currie P J. 1993. Protoceratopsian Embryos from Inner-Mongolia, Peoples-Republic-of-China. Canadian Journal of Earth Sciences, 30 (10-11): 2248–2254

Eberth D A, Brinkman D B, Chen P J, Yuan F T, Wu S Z, Li G, Cheng X S. 2001. Sequence stratigraphy, paleoclimate patterns, and vertebrate fossil preservation in Jurassic-Cretaceous strata of the Junggar Basin, Xinjiang Autonomous Region, People's Republic of China. Canadian Journal of Earth Sciences, 38: 1627–1644

Erickson G M, Rogers K C, Yerby S A. 2001. Dinosaurian growth patterns and rapid avian growth rates. Nature, 412 (6845): 429–433

Ezcurra M D. 2010. A new early dinosaur (Saurischia: Sauropodomorpha) from the Late Triassic of Argentina: a reassessment of dinosaur origin and phylogeny. Journal of Systematic Palaeontology, 8 (3): 371–425

Ford T, Martin L. 2010. A semi-aquatic life habit for *Psittacosaurus*. In: Ryan M J, Chinnery-Allgeier B J, Eberth D A eds. New Perspectives on Horned Dinosaurs: The Royal Tyrrell Museum Ceratopsian Symposium. Bloomington and Indianapolis: Indiana University Press. 328–339

Galton P M. 1981. A juvenile stegosaurian dinosaur, *"Astrodon pusillus"*, from the Upper Jurassic of Portugal, with comments on Upper Jurassic and Lower Cretaceous biogeography. Journal of Vertebrate Paleontology, 1 (3-4): 245–256

Galton P M, Upchurch P. 2004. Prosauropoda. In: Weishampel D B, Dodson P, Osmólska H eds. The Dinosauria, second edition. Berkeley: University of California Press. 232–258

Gauthier J. 1986. Saurischian monophyly and the origin of birds. In: Padian K ed. The Origin of Birds and the Evolution of Flight. San Francisco: California Academy of Sciences. 1–55

Gilmore C W. 1913. A new dinosaur from the Lance Formation of Wyoming. Smithson Misc Coll, 61: 1–5

Gilmore C W. 1931. A new species of troodont dinosaur from the Lance Formation of Wyoming. Proceedings U. S. National Museum, 79: 1–6

Gilmore C W. 1933. Two new dinosaurian reptiles from Mongolia with notes on some fragmentary specimens. American Museum Novitates, 679: 1–20

Godefroit P, Dong Z M, Bultynck P, Li H, Feng L. 1998. Sino-Belgian Cooperation Program: 'Cretaceous dinosaurs and mammals from Inner Mongolia' 1. New *Bactrosaurus* (Dinosauria: Hadrosauroidea) material from Iren Dabasu (Inner Mongolia, P.R. China). Bulletin de l'Institut Royal des Sciences Naturelles de Belgique, 68 (suppl.): 3–70

Godefroit P, Pereda Suberbiola X, Li H, Dong Z M. 1999. A new species of the ankylosaurid dinosaur *Pinacosaurus* from the Late Cretaceous of Inner Mongolia (P. R. China). Bulletin de l'Institut Royal des Sciences Naturelles de Belgique, Sciences de la Terre, 69 (suppl. B): 17–36

Godefroit P, Zan S Q, Jin L Y. 2000. *Charonosaurus jiayinensis* n.g., n.sp., a lambeosaurine dinosaur from the Late Maastrichtian of northeastern China. Comptes Rendus De L Academie Des Sciences Serie Ii Fascicule a- Sciences De La Terre Et Des Planetes, 330 (12): 875–882

Godefroit P, Li H, Shang C Y. 2005. A new primitive hadrosauroid dinosaur from the Early Cretaceous of Inner Mongolia (P. R. China). Comptes Rendus Palevol, 4 (8): 697–705

Godefroit P, Hai S L, Yu T X, Lauters P. 2008. New hadrosaurid dinosaurs from the uppermost Cretaceous of northeastern China. Acta Palaeontologica Polonica, 53 (1): 47–74

Granger W, Gregory W K. 1923. *Protoceratops andrewsi*, a pre-ceratopsian dinosaur from Mongolia. American Museum Novitates, 72: 1–9

Gregory W K. 1951. Evolution Emerging. A Survey of Changing Patterns from Primeval Life to Man. New York: Macmillan Inc

Haughton S H. 1924.The fauna and stratigraphy of the Stormberg Series. Annals of the South African Museum, 12: 323–497

Head J J. 1998. A new species of basal hadrosaurid (Dinosauria, Ornithischia) from the Cenomanian of Texas. Journal of Vertebrate Paleontology, 18 (4): 718–734

Head J J, Kobayashi Y. 2001. Biogeographic histories and chronologies of derived iguanodontians. VII International Symposium on Mesozoic Terrestrial Ecosystems. Buenos Aires: Asociacion Paleontologica Argentina. 107–111

Henning E. 1915. *Kentrosaurus aethiopicus*, der Stegosauride des Tendaguru. Sitzungsber, Ges. Naturforsch. Freude Berlin, 1915: 219–247

Hopson J A. 1975. On the generic separation of the ornithischian dinosaurs *Lycorhinus* and *Heterodontosaurus* from the Stormberg Series (Upper Triassic of South Africa). South African Journal of Science, 71: 302–305

Horner J R. 1992. Cranial morphology of *Prosaurolophus* (Ornithischia: Hadrosauridae) with descriptions of two new hadrosaurid species and an evaluation of hadrosaurid phylogenetic relationships. Museum of the Rockies Occasional Paper, 2: 1–119

Horner J R, Goodwin M. 2006. Major cranial chang during *Triceratops* ontogeny. Proceedings of the Royal Society Biological Sciences Series B, 273: 2757–2761

Horner J R, Weishampel D B, Forster C A. 2004. Hadrosauridae. In: Weishampel D B, Dodson P, Osmólska H eds. The Dinosauria, second edition. Berkeley: University of California Press. 438–463

Huxley T H. 1869. On *Hypsilophodon foxii*, a new Dinosaurian from the Wealden of the Isle of Wight. Quarterly Journal of the Geological Society, 26: 3–12

Irmis R. 2004. First report of *Megapnosaurus* (Theropoda: Coelophysoidea) from China. Paleobios, 24 (3): 11–18

Irmis R B, Knoll F. 2008. New ornithischian dinosaur material from the Lower Jurassic Lufeng Formation of China. Neues Jahrbuch fur Geologie und Paleontologie Abhandlungen, 247 (1): 117–128

Jia C K, Foster C A, Xu X, Clark J M. 2007. The first stegosaur (Dinosauria, Ornithischia) from the Upper Jurassic Shishugou Formation of Xinjiang, China. Acta Geologica Sinica (English Edition), 81 (3): 351–356

Jin L Y, Chen J, Zan S Q, Godefroit P. 2009. A new basal neoceratopsian dinosaur from the Middle Cretaceous of Jilin Province, China. Acta Geologica Sinica (English Edition), 83 (2): 200–206

Jin L Y, Chen J, Zan S Q, Butler R J, Godefroit P. 2010. Cranial anatomy of the small ornithischian dinosaur *Changchunsaurus parvus* from the Quantou Formation (Cretaceous: Aptian–Cenomanian) of Jilin Province, northeastern China. Journal of Vertebrate Paleontology, 30 (1): 196–214

Jin X S, Azuma Y, Jackson F D, Varricchio D J. 2007. Giant dinosaur eggs from the Tiantai basin, Zhejiang Province, China. Canadian Journal of Earth Sciences, 44 (1): 81–88

Knoll F. 1999. The family Fabrosauridae. In: Canudo J I, Cuenca-Besc G eds. IV European Workshop on Vertebrate Palaeontology, Albarracin. Zaragoza: Universidad de Zaragoza. 65

Kuhn O. 1966 Die Reptilien, System und Stammesgeschichte. Krailling bei München, Germany: Verlag Oeben

Lambe L M. 1904. On the squamoso-parietal crest of the horned dinosaurs *Centrosaurus apertus* and *Monoclonius canadensis* from the Cretaceous of Alberta. Transactions of the Royal Society of Canada, Series 2 (10): 3–12

Lambe L M. 1918. The Cretaceous genus *Stegoceras* typifying a new family referred provisionally to the Stegosauria. Transactions of the Royal Society of Canada, Series 3 (12): 23–36

Lambe L M. 1919. Description of a new genus and species (*Panoplosaurus mirus*) of armored dinosaur from the Belly River

Beds of Alberta. Transactions of the Royal Society of Canada, Series 3 (13): 39–50

Lambert O, Godefroit P, Li H, Shang C Y, Dong Z M. 2001. A new species of *Protoceratops* (Dinosauria, Neoceratopsia) from the Late Cretaceous of Inner Mongolia (P. R. China). Bulletin de l' Institut Royal des Sciences Naturelles de Belgique, Sciences de la Terre, 71 (suppl.): 5–28

Langer M C, Ezcurra M D, Bittencourt J S, Novas F E. 2010. The origin and early evolution of dinosaurs. Biol Rev Camb Philos Soc, 85 (1): 55–110

Leidy J. 1858. *Hadrosaurus foulkii*, a new saurian from the Cretaceous of New Jersey. Proceedings of the Academy of Natural Sciences of Philadelphia, 1858: 215–218

Li J L, Wu X C, Zhang F C. 2008. The Chinese Fossil Reptiles and Their Kin, second edition. Beijing: Science Press

Lingham-Soliar T. 2008. A unique cross section through the skin of the dinosaur *Psittacosaurus* from China showing a complex fibre architecture. Proceedings of the Royal Society Biological Sciences Series B, 275 (1636): 775–780

Liu Y Q, Ji Q, Ji S A, You H L, Lü J C, Kuang H W, Jiang X J, Peng N, Xu H, Yuan C X, Wang X R. 2010. Late Mesozoic terrestrial stratigraphy, biotas and geochronology in North-east China. Acta Geoscientica Sinica, 31: 42–45

Lloyd G T. 2011. A refined modelling approach to assess the influence of sampling on palaeobiodiversity curves: new support for declining Cretaceous dinosaur richness. Biology Letters: 10.1098/rsbl.2011.0210

Lloyd G T, Davis K E, Pisani D, Tarver1 J E, Ruta1 M, Sakamoto1 M, David W E, Hone D W E, Jennings R, Benton M J. 2008. Dinosaurs and the Cretaceous terrestrial revolution. Proceedings of the Royal Society Biological Sciences Series B, 275 (1650): 2483–2490

Longrich N R, Sankey J, Tanke D. 2010. *Texacephale langstoni*, a new genus of pachycephalosaurid (Dinosauria: Ornithischia) from the upper Campanian Aguja Formation, southern Texas, USA. Cretaceous Research, 31: 274–284

Lucas S G. 1996. The thyreophoran dinosaur *Scelidosaurus* from the Lower Jurassic Lufeng Formation, Yunnan, China. In: Morales M ed. The Continental Jurassic. Flagstaff: Museum of Northern Arizona. 81–85

Lucas S G. 2001. Chinese Fossil Vertebrates. New York: Columbia University Press. 1–375

Lucas S G. 2006. The *Psittacosaurus* biochron, Early Cretaceous of Asia. Cretaceous Research 27: 189–198

Lü J C. 1997. A new Iguanodontidae (*Probactrosaurus mazongshanensis* sp. nov.) from Mazongshan area, Gansu Province, China. In: Dong Z ed. Sino-Japanese Silk Road Dinosaur Expedition. Beijing: China Ocean Press. 27–47

Lü J C, Ji Q, Gao Y B, Li Z X. 2007a. A new species of the ankylosaurid dinosaur *Crichtonsaurus* (Ankylosauridae : Ankylosauria) from the Cretaceous of Liaoning Province, China. Acta Geologica Sinica (English Edition), 81 (6): 883–897

Lü J C, Jin X S, Sheng Y M, Li Y H, Wang G P, Azuma Y. 2007b. New nodosaurid dinosaur from the Late Cretaceous of Lishui, Zhejiang Province, China. Acta Geologica Sinica (English Edition), 81 (3): 344–350

Lü J C, Kobayashi Y, Lee Y N, Ji Q. 2007c. A new *Psittacosaurus* (Dinosauria: Ceratopsia) specimen from the Yixian Formation of western Liaoning, China: the first pathological psittacosaurid. Cretaceous Research, 28: 272–276

Maidment S C R, Wei G. 2006. A review of the Late Jurassic stegosaurs (Dinosauria, Stegosauria) from the People's Republic of China. Geological Magazine, 143 (5): 621–634

Maidment S C R, Wei G, Norman D B. 2006. Re-description of the postcranial skeleton of the Middle Jurassic stegosaur *Huayangosaurus taibaii*. Journal Vertebrate Paleontology, 26 (4): 944–956

Maidment S C R, Norman D B, Barrett P M et al. 2008. Systematics and phylogeny of Stegosauria (Dinosauria: Ornithischia).

Journal of Systematic Palaeontology, 6 (4): 367–407

Main R P, de Ricqles A, Horner J R, Padian K. 2005. The evolution and function of thyreophoran dinosaur scutes: implication for plate functio in stegosaur. Paleobiology, 31: 291–314

Makovicky P J, Norell M A. 2006. *Yamaceratops dorngobiensis*, a new primitive ceratopsian (Dinosauria: Ornithischia) from the Cretaceous of Mongolia. American Museum Novitates, 3530: 1–42

Mantell G A. 1825. Notice on the *Iguanodon*, a newly discovered fossil reptile, from the sandstone of Tilgate Forest, in Sussex. Philosophical Transactions of the Royal Society of London, 115: 179–186

Mantell G A. 1833. Geology of the South East of England. Longman, Rees, Orme, Brown, Green and Longman, London

Marsh O C. 1877. New order of extinct Reptilia (Stegosauria) from the Jurassic of the Rocky Mountains. American Journal of Science (Third Series), 14: 513–514

Marsh O C. 1881. Principal characters of American Jurassic dinosaurs. Part V. American Journal of Science (Third Series), 21: 417–423

Marsh O C. 1887. Principal characters of American Jurassic dinosaurs. Part IX. The skull and dermal armor of *Stegosaurus*. American Journal of Science (Third Series), 34: 413–417

Marsh O C. 1888. A new family of horned dinosaurs from the Cretaceous. American Journal of Science (Third Series), 36: 477–478

Marsh O C. 1889. Notice of gigantic horned Dinosauria from the Cretaceous. American Journal of Science (Third Series), 38: 173–175

Marsh O C. 1890. Description of new dinosaurian reptiles. American Journal of Science (Third Series), 39: 81–86

Martinez R N, Alcober O A. 2009. A basal Sauropodomorph (Dinosauria: Saurischia) from the Ischigualasto Formation (Triassic, Carnian) and the early evolution of Sauropodomorpha. PLoS ONE, 4 (2): e4397

Martinez R N, Sereno P C, Alcober O A, Colombi C E, Renne P R, Montañez I P, Currie B S. 2011. A basal dinosaur from the dawn of the dinosaur era in southwestern Pangaea. Science, 331 (6014): 206–210

Maryańska T. 1971. New data on the skull of *Pinacosaurus grangeri* (Ankylosauria). Palaeontologica Polonica, 25: 45–53

Maryańska T. 1977. Ankylosauridae (Dinosauria) from Mongolia. Palaeontologica Polonica, 37: 85–151

Maryańska T. 1990. Pachycephalosauria. In: Weishampel D B, Dodson P, Osmolska H eds. The Dinosauria. Berkeley: University of California Press. 564–577

Maryańska T, Osmólska H. 1974. Pachycephalosauria, a new suborder of ornithischian dinosaurs. Palaeontologica Polonica, 30: 45–102

Maryańska T, Osmólska H. 1975. Protoceratopsidae (Dinosauria) of Asia. Palaeontologia Polonica, 33: 133–182

Maryańska T, Osmólska H. 1981. Cranial anatomy of *Saurolophus angustirostris* with comments on the Asian Hadrosauridae (Dinosauria). Palaeontologia Polonica, 42: 5–24

Maryańska T, Osmólska H. 1984. Postcranial anatomy of *Saurolophus angustirostris* with comments on other hadrosaurs. Palaeontologia Polonica, 46: 119–141

Maryańska T, Osmólska H. 1985. On ornithischian phylogeny. Acta Palaeontologica Polonica, 30 (3-4): 137–150

Mayr G, Peters D S, Plodowski G, Vogel O. 2002. Bristle-like integumentary structures at the tail of the horned dinosaur *Psiffacosaurus*. Naturwissenschaften, 89 (8): 361–365

McDonald A T, Barrett P M, Chapman S D. 2010. A new basal iguanodont (Dinosauria: Ornithischia) from the Wealden (Lower

Cretaceous) of England. Zootaxa, 2569: 1–43

Meng Q, Liu J, Varricchio D J, Huang T, Gao C L. 2004. Parental care in an ornithischian dinosaur. Nature, 431: 145

Milner A R, Norman D B, Reif W-E, Westphal F. 1984. The biogeography of advanced ornithopod dinosaurs (Archosauria: Ornithischia): cladistic-vicariance model. Tuebingen: Tuebingen Univ Press

Mo J Y, Zhao Z, Wang W, Xu X. 2007. The first hadrosaurid dinosaur from southern China. Acta Geologica Sinica (English Edition), 81 (4): 550–554

Nesbitt S J. 2011. The early evolution of archosaurs: relationships and the origin of major groups. Bulletin of the American Museum of Natural History, 352: 1–292

Nesbitt S J, Clarke J A, Turner A H, Norell M A. 2011. A small alvarezsaurid from the eastern Gobi Desert offers insight into evolutionary patterns in the Alvarezsauroidea. Journal of Vertebrate Paleontology, 31 (1): 144–153

Nessov L A, Kaznyshkina L F, Cherepanov G O. 1989. Ceratopsian dinosaurs and crocodiles of the Mesozoic of Middle Asia. In: Bogdanova T N, Khozatsky L I eds. Theoretical and Applied Aspects of Modern Paleontology. Nauka, Leningrad. 144−154 (in Russian)

Nopcsa F. 1915. Die Dinosaurier der Siebenbergischen Landesteile ungarns. Mitteilungen aus dem Jahrbuche de Koniglichen Ungarischen Geologischen Reischsanstalt, 23 (1): 1–24

Nopcsa F. 1923. Die Familien der Reptilien. Fortschritte der Geologie und Palaeontologie, 2: 1–210

Norman D B. 1998. On Asian ornithopods (Dinosauria: Ornithischia). 3. A new species of iguanodontid dinosaur. Zoological Journal of the Linnean Society, 122 (1-2): 291–348

Norman D B. 2002. On Asian ornithopods (Dinosauria: Ornithischia). 4. *Probactrosaurus* Rozhdestvensky, 1966. Zoological Journal of the Linnean Society, 136: 113–144

Norman D B. 2004. Basal Iguanodontia. In: Weishampel D B, Dodson P, Osmólska H eds. The Dinosauria, second edition. Berkeley: University of California Press. 413–437

Norman D B, Weishampel D B. 1985. Ornithopod feeding mechanisms: their bearing on the evolution of herbivory. The American Naturalist, 126 (2): 151–164

Norman D B, Sues H-D, Witmer L M, Coria R A. 2004a. Basal Ornithopoda. In: Weishampel D B, Dodson P, Osmólska H eds. The Dinosauria, second edition. Berkeley: University of California Press. 393–412

Norman D B, Witmer L M, Weishampel D B. 2004b. Basal Thyreophora. In: Weishampel D B, Dodson P, Osmólska H eds. The Dinosauria, second edition. Berkeley: University of California Press. 335–342

Norman D B, Butler R J, Maidment S C R. 2007. Reconsidering the status and affinities of the ornithischian dinosaur *Tatisaurus oehleri* Simmons, 1965. Zoological Journal of the Linnean Society, 150 (4): 865–874

Novas F E. 1992. Phylogenetic relationships of the basal dinosaurs, the Herrerasauridae. Palaeontology, 35 (1): 51–62

Osborn H F. 1923. A new genus and species of Ceratopsia from New Mexico, *Pentaceratops sternbergii*. American Museum Novitates, 93: 1–3

Osborn H F. 1924. *Psittacosaurus* and *Protiguanodon*: two Lower Cretaceous iguanodonts from Mongolia. American Museum Novitates, 127: 1–16

Ostrom J H. 1969. Osteology of *Deinonychus antirrhopus*, an unusual theropod from the Lower Cretaceous of Montana. Bulletin of the Peabody Museum of Natural History, 30: 1–165

Ostrom J H. 1972. Description of the *Archaeopteryx* specimen in the Teyler Museum, Haarlem. Proceedings of the Koninklijke

Nederlandse Akademie van Wetenschappen Series B, 75: 287–305

Ostrom J H. 1973. The ancestry of birds. Nature, 242: 136

Ostrom J H. 1976. *Archaeopteryx* and the origin of birds. Biological Journal of the Linnean Society, 8 (2): 91–182

Owen R. 1842. Report on British fossil reptiles. Report of the British Association of Advanced Sciences, 9: 60–204

Owen R. 1861. Monograph on the fossil Reptilia of the Wealden and Purbeck formations. Part V. Lacertilia. Palaeontographical Society Monograph, 12: 31–39

Padian K, May C L. 1993. The earliest dinosaurs. In: Lucas S G, Morales M eds. The Nonmarine Triassic. Albuquerque: New Mexico Museum of Natural History and Science. 379–381

Padian K, Hutchinson J R, Holtz T R Jr. 1999. Phylogenetic definitions and nomenclature of the major taxonomic categories of the carnivorous Dinosauria (Theropoda). Journal of Vertebrate Paleontology, 19 (1): 69–80

Parks W A. 1922. *Parasaurolophus walkeri*, a new genus and species of crested trachodont dinosaur. University of Toronto Studies: Geological Series, 13: 1–32

Parks W A. 1923. New species of crested trachodont dinosaur. Bulletin of the Geological Society of America, 34: 1–130

Paul G S. 1996. The Complete Illustrated Guide to Dinosaur Skeletons. Tokyo: Gakken Mook

Paul G S. 2008. A revised taxonomy of the iguanodont dinosaur genera and species. Cretaceous Research, 29 (2): 192–216

Peng G Z. 1997. Fabrosauridae. In: Currie P J, Padian K eds. Encyclopedia of Dinosaurs. San Diego: Academic Press. 237–240

Reig O A. 1963. La presencia de dinosaurios saurisquios en los 'Estratos de Ischigualasto' (Mesotriaico Superior) de Las Provincias de San Juan y La Rioja (Repulica Argentina). Ameghiniana, 3 (1): 3–20

Riabinin A N. 1914. Report on a dinosaur from Transbaikalia. Trudy Muz Pstra Velikogo, 8: 113–140

Riabinin A N. 1925. A mounted skeleton of the gigantic reptile *Trachodon amurense* nov. sp. Izvest Gelo Komissaya, 44: 1–12

Riabinin A N. 1930. *Manschurosaurus amurensis* nov. gen. nov. sp., a hadrosaurian dinosaur from the Upper Cretaceous of Amur River. Mém Soc paléontol Russie, 2: 1–36

Riabinin A N. 1939. The Upper Cretaceous vertebrate fauna of South Kazakhstan I. Reptilia. Part I. Ornithischia. Trudy Tsentral'nogo Nauchno-Issledovatel'skogo Geologo-Razvedochnogo Instituta, 118: 1–40 (in Russian with English summary)

Rich T H, Vickers-Rich P. 1989. Polar dinosaurs and the biotas of the Early Cretaceous of southeastern Australia. National Geographic Research, 5: 15–53

Rich T H, Vickers-Rich P. 2003. Protoceratopsian? ulnae from Australia. Records of the Queen Victoria Museum, 113: 1–12

Romer A S. 1966. Vertebrate Paleontology, 3rd ed. Chicago: University of Chicago Press

Rothschild B M, Tanke D H, Helbling M, Martin L D. 2003. Epidemiologic study of tumors in dinosaurs. Naturwissenschaften, 90 (11): 495–500

Rozhdestvensky A K. 1957. Duck-billed dinosaur—*Saurolophus* from Upper Cretaceous of Mongolia. Vertebrata Palasiatica, 1 (2): 129–149

Rozhdestvensky A K. 1966a. New iguanodonts from Central Asia. International Geology Review, 9 (4): 556–566

Rozhdestvensky A K. 1966b. New iguanodonts from Central Asia. Phylogenetic and taxonomic interrelationships of late Iguanodontidae and early Hadrosairdae. Paleontol Zh, 1966:103–116 (in Russian)

Rozhdestvensky A K. 1977. The study of dinosaurs in Asia. Journal of Palaeontological Society of India, 20: 102–119

Russell D A, Dong Z M. 1993. The affinities of a new theropod from the Alxa Desert, Inner Mongolia, People's Republic of China. Canadian Journal of Earth Sciences, 30: 2107–2127

Russell D A, Zhao X J. 1996. New psittacosaur occurrences in Inner Mongolia. Canadian Journal of Earth Sciences, 33: 637–648

Scheetz R. 1999. Osteology of *Orodromeus makelai* and the phylogeny of basal ornithopod dinosaurs. Ph. D. dissertation. Bozeman: Montana State University

Seeley H G. 1887. On the classification of the fossil animals commonly named Dinosauria. Proceedings of the Royal Society of London, 43: 165–171

Sereno P C. 1984. The phylogeny of the Ornithischia: a reappraisal. In: Reif W-E, Westphal F eds. Third Symposium on Mesozoic Terrestrial Ecosystems, Short Papers. Tubingen: Attempto Verlag. 219–226

Sereno P C. 1986. Phylogeny of the bird-hipped dinosaurs (Order Ornithischia). National Geographic Research, 2 (2): 234–256

Sereno P C. 1990a. New data on parrot-beaked dinosaurs (*Psittacosaurus*). In: Carpenter K, Currie P J eds. Dinosaur Systematics: Perspectives and Approaches. Cambridge: Cambridge University Press. 203–210

Sereno P C. 1990b. Psittacosauridae. In: Weishampel D B, Dodson P, Osmólska H eds. The Dinosauria. Berkeley: University of California Press. 579–592

Sereno P C. 1991. *Lesothosaurus*, 'fabrosaurids', and the early evolution of Ornithischia. Journal of Vertebrate Paleontology, 11 (2): 168–197

Sereno P C. 1997. The origin and evolution of dinosaurs. Annual Review of Earth and Planetary Sciences, 25: 435–489

Sereno P C. 1998. A rationale for phylogenetic definitions, with application to the higher-level taxonomy of Dinosauria. Neues Jahrbuch für Geologie und Paläontologie Abhandlungen, 210 (1): 41–83

Sereno P C. 1999. The evolution of dinosaurs. Science, 284: 2137–2147

Sereno P C. 2000. The fossil record, systematics and evolution of pachycephalosaurs and ceratopsians from Asia. In: Benton M J, Shishkin M A, Unwin D M et al. eds. The Age of Dinosaurs in Russia and Mongolia. Cambridge: Cambridge University Press. 480–516

Sereno P C. 2005a. The logical basis of phylogenetic taxonomy. Syst Biol, 54 (4): 595–619

Sereno P C. 2005b. Stem Archosauria Version 1.0. TaxonSearch. Available at http://www.taxonsearch.org/Archive/stem-archosauria-1.0. php. Accessed January 15, 2012

Sereno P C. 2010. Taxonomy, cranial morphology, and relationships of parrot-beaked dinosaurs (Ceratopsia: *Psittacosaurus*). In: Ryan M J, Chinnery-Allgeier B J, Eberth D A eds. New Perspectives on Horned Dinosaurs: The Royal Tyrrell Museum Ceratopsian Symposium. Bloomington and Indianapolis: Indiana University Press. 21–58

Sereno P C, Chao S. 1988. *Psittacosaurus xinjiangensis* (Ornithischia: Ceratopsia), a new psittacosaur from the Lower Cretaceous of northwestern China. Journal of Vertebrate Paleontology, 8: 353–365

Sereno P C, Dong Z. 1992. The skull of the basal stegosaur *Huayangosaurus taibaii* and a cladistic diagnosis of Stegosauria. Journal of Vertebrate Paleontology, 12: 318–343

Sereno P C, Novas F E. 1992. The complete skull and skeleton of an early dinosaur. Science, 258: 1137–1140

Sereno P C, Chao S, Cheng Z, Rao C. 1988. *Psittacosaurus meileyingensis* (Ornithischia: Ceratopsia), a new psittacosaur from the Lower Cretaceous of northeastern China. Journal of Vertebrate Paleontology, 8 (4): 366–377

Sereno P C, Forster C A, Rogers R R, Monetta A M. 1993. Primitive dinosaur skeleton from Argentina and the early evolution of Dinosauria. Nature, 361: 64–66

Sereno P C, McAllister S, Brusatte S L. 2005. TaxonSearch: A relational database for suprageneric taxa and phylogenetic definitions. PhyloInformatics 8: 1–20

Sereno P C, Zhao X-J, Brown L, Tan L. 2007. New psittacosaurid highlights skull enlargement in horned dinosaurs. Acta Palaeontologica Polonica, 52 (2): 275–284

Sereno P C, Zhao X J, Tan L. 2009. A new psittacosaur from Inner Mongolia and the parrot-like structure and function of the psittacosaur skull. Proceedings of the Royal Society Biological Sciences Series B, 277: 199–209

Simmons D J. 1965. The non-therapsid reptiles of the Lufeng Basin, Yunnan, China. Fieldiana Geology, 15 (1): 1–93

Smith J B. 1997. Heterodontosauridae. In: Currie P J, Padian K eds. Encyplopedia of Dinosaurs. San Diego: Academic Press. 317–320

Spotila J R, O' Connor M P, Dodson P, Paladino F V. 1991. Hot and cold running dinosaurs: body size, metabolism and migration. Modern Geology, 16: 203–227

Steel R. 1969. Ornithischia. Handbuch der Paläoherpetologie. Teil 15. Stuttgart: Gustav Fischer

Sternberg C M. 1953. A new hadrosaur from the Oldman Formation of Alberta: discussion of nomenclature. Canada Department of Resources and Development Bulletin, 128: 1–12

Sues H-D, Averianov A. 2009. *Turanoceratops tardabilis*—the first ceratopsid dinosaur from Asia. Naturwissenschaften, 96: 645–652

Sues H-D, Galton P M. 1987. Anatomy and classification of the North American Pachycephalosauria (Dinosauria: Ornithischia). Palaeontographica Abteilung A, 198: 1–40

Sues H-D, Norman D B. 1990. Hypsilophodontidae, *Tenontosaurus* and Dryosauridae. In: Weishampel D B, Dodson P, Osmólska H eds. The Dinosauris. Berkeley: University of California Press. 498–509

Sullivan R M. 2006. A taxonomic review of the Pachycephalosauridae (Dinosauria: Ornithischia). In: Lucas S G, Sullivan R M eds. Late Cretaceous Vertebrates from the Western Interior. Albuquerque: New Mexico Museum of Natural History and Science. 347–365

Taquet P. 1991. The status of *Tsintaosaurus spinorhinus* Young, 1958 (Dinosauria). In: Kielan-Jaworowska Z, Heintz N, Nakrem H A eds. Fifth Symposyum of Mesozoic Terrestrial Ecosystems and Biota, Extended abstracts. Oslo: Paleontological Museum. 63–64

Taquet P, Russell D A. 1999. A massively-constructed iguanodont from Gadoufaoua, Lower Cretaceous of Niger. Annales de Paleontologie (Vertebres), 85 (1): 85–96

Teilhard de Chardin P, Young C C. 1929. On some traces of vertebrate life in the Jurassic and Triassic beds of Shansi and Shensi. Bulletion of the Geological Society of China, 8: 131–135

Thulborn R A. 1975. Dinosaur polyphyly and the classification of archosaurs and birds. Austrian Journal of Zoology, 23: 249–270

Upchurch P, Barrett P M, Galton P M. 2007. A phylogenetic analysis of basal sauropodomorph relationships: implications for the origin of sauropod dinosaurs. In: Barrett P M, Batten D J eds. Evolution and Palaeobiology of Early Sauropodomorph Dinosaurs. London: Palaeontological Association. 57–90

Vickaryous M K, Russell A P, Currie P J, Zhao X J. 2001. A new ankylosaurid (Dinosauria: Ankylosauria) from the Lower Cretaceous of China, with comments on ankylosaurian relationships. Canadian Journal of Earth Sciences, 38 (12): 1767–

1780

Vickaryous M K, Maryanska T, Weishampel D B. 2004. Ankylosauria. In: Weishampel D B, Dodson P, Osmólska H eds. The Dinosauria, second edition. Berkeley: University of California Press. 363–392

von Huene F. 1914. The dinosaurs not a natural order. American Journal of Science (Fourth Series), 38: 145–146

Wang S C, Dodson P. 2006. Estimating the diversity of dinosaurs. Proceedings of the National Academy of Sciences, 103 (37): 13601–13605

Weishampel D B. 1984. Evolution of jaw mechanisms in ornithopod dinosaurs. Advances in Anatomy Embryology and Cell Biology, 87: 1–109

Weishampel D B, Heinrich R E. 1992. Systematics of Hypsilophodontidae and basal Iguanodontia (Dinosauria: Ornithopoda). Historical Biology, 6: 159–184

Weishampel D B, Horner J R. 1986. The hadrosaurid dinosaurs from the Iren Dabasu fauna (People's Republic of China, Late Cretaceous). Journal of Vertebrate Paleontology, 6 (1): 38–45

Weishampel D B, Horner J R. 1990. Hadrosauridae. In: Weishampel D B, Dodson P, Osmólska H eds. The Dinosauria. Berkeley: University of California Press. 534–561

Weishampel D B, Witmer L M. 1990. Heterodontosauridae. In: Weishampel D B, Dodson P, Osmólska H eds. The Dinosauria, first edition. Berkeley: University of California Press. 486–497

Weishampel D B, Dodson P, Osmólska H. 1990. The Dinosauria. Berkeley: University of California Press

Weishampel D B, Barrett P M, Coria R A et al. 2004a. Dinosaur distribution. In: Weishampel D B, Dodson P, Osmólska H eds. The Dinosauria, second edition. Berkeley: University of California Press. 517–606

Weishampel D B, Norman D B, Grigorescu D. 1993. *Telmatosaurus transsylvanicus* from the Late Cretaceous of Romania: the most basal hadrosaurid dinosaur. Palaeontology, 36 (2): 361–385

Weishampel D B, Dodson P, Osmólska H. 2004b. The Dinosauria, second edition. Berkeley: University of California Press. 1–861

Wiman C. 1929. Die Kriede-dinosaurier aus Shantung. Palaeontologia Sinica, Ser C, 6 (1): 1–67

Winkler D A, Murry P A, Jacobs L L. 1997. A new species of *Tenontosaurus* (Dinosauria: Ornithopoda) from the Early Cretaceous of Texas. Journal of Vertebrate Paleontology, 17 (2): 330–348

Xing L D, Harris J D, Dong Z M, Lin Y L, Chen W, Guo S B, Ji Q. 2009. Ornithopod (Dinosauria: Ornithischia) racks from the Upper Cretaceous Zhutian Formation in the Nanxiong basin, Guangdong, China and general observations on large Chinese ornithopod footprints. Geological Bulletin of China, 28 (7): 829–843

Xu X. 1997. A new psittacosaur (*Psittacosaurus mazongshanensis* sp. nov.) from Mazongshan area, Gansu Province, China. In: Dong Z M ed. Sino-Japanese Silk Road Dinosaur Expedition. Beijing: China Ocean Press. 48–67

Xu X, Wang X L, You H L. 2001. A juvenile ankylosaur from China. Naturwissenschaften, 88 (7): 297–300

Xu X, Makovicky P J, Wang X L, Norell M A, You H L. 2002. A ceratopsian dinosaur from China and the early evolution of Ceratopsia. Nature, 416: 314–317

Xu X, Forster C A, Clark J M, Mo J Y. 2006. A basal ceratopsian with transitional features from the Late Jurassic of northwestern China. Proceedings of the Royal Society Biological Sciences Series B, 273: 2135–2140

Xu X, Clark J M, Mo J Y, Choiniere J, Catherine C A, Erickson G M, Hone D W E, Sullivan C, Eberth D A, Nesbitt S, Zhao Q, Hernandez R, Jia C K, Han F L, Guo Y. 2009. A Jurassic ceratosaur from China helps clarify avian digital homologies.

Nature, 459 (7249): 940–944

Xu X, Wang K B, Zhao X J, Li D J. 2010a. First ceratopsid dinosaur from China and its biogeographical implications. Chinese Science Bulletin, 55 (16): 1631–1635

Xu X, Wang K B, Zhao X J, Sullivan C, Chen S Q. 2010b. A new leptoceratopsid (Ornithischia: Ceratopsia) from the Upper Cretaceous of Shandong, China and its implications for neoceratopsian evolution. PLoS ONE, 5 (11): e13835. doi:13810.11371/journal.pone.0013835

Xu X, You H L, Du K, Han F L. 2011. An *Archaeopteryx*-like theropod from China and the origin of Avialae. Nature, 475: 465–470

Yates A M. 2007. The first complete skull of the Triassic dinosaur *Melanorosaurus* Haughton (Sauropodomorpha: Anchisauria). In: Barrett P M, Batten D J eds. Evolution and Palaeobiology of Early Sauropodomorph Dinosaurs. London: Palaeontological Association. 9–55

Yates A M. 2010. A revision of the problematic sauropodomorph dinosaurs from Manchester, Connecticut and the status of *Anchisaurus* Marsh. Palaeontology, 53 (4): 739–752

You H L, Dodson P. 2004. Basal Ceratopsia. In: Weishampel D B, Dodson P, Osmólska H eds. The Dinosauria, second edition. Berkeley: University of California Press. 478–493

You HL, Dong Z M. 2003. A new protoceratopsid (Dinosauria: Neoceratopsia) from the Late Cretaceous of Inner Mongolia. Acta Geologica Sinica (English Edition), 77 (3): 299–304

You H L, Li D Q. 2009. A new basal hadrosauriform dinosaur (Ornithischia: Iguanodontia) from the Early Cretaceous of northwestern China. Canadian Journal of Earth Sciences, 46 (12): 949–957

You H L, Ji Q, Li J L, Li Y X. 2003a. A new hadrosauroid dinosaur from the mid-Cretaceous of Liaoning, China. Acta Geologica Sinica (English Edition), 77 (2): 148–154

You H L, Luo Z X, Shubin N H, Witmer L M, Tang Z L, Tang F. 2003b. The earliest-known duck-billed dinosaur from deposits of late Early Cretaceous age in northwest China and hadrosaur evolution. Cretaceous Research, 24 (3): 347–355

You H L, Xu X, Wang X L. 2003c. A new genus of Psittacosauridae (Dinosauria: Ornithopoda) and the origin and early evolution of marginocephalian dinosaurs. Acta Geologica Sinica (English Edition), 77 (1): 15–20

You H L, Ji Q, Li D Q. 2005a. *Lanzhousaurus magnidens* gen. et sp. nov. from Gansu Province, China: the largest-toothed herbivorous dinosaur in the world. Geological Bulletin of China, 24 (9): 785–794

You H L, Li D Q, Ji Q, Lamanna M C, Dodson P. 2005b. On a new genus of basal neoceratopsian dinosaur from the Early Cretaceous of Gansu Province, China. Acta Geologica Sinica (English Edition), 79 (5): 593–597

You H L, Tanoue K, Dodson P. 2007. A new specimen of *Liaoceratops yanzigouensis* (Dinosauria: neoceratopsia) from the Early Cretaceous of Liaoning Province, China. Acta Geologica Sinica (English Edition), 81 (6): 898–904

You H L, Tanoue K, Dodson P. 2008. New data on cranial anatomy of the ceratopsian dinosaur *Psittacosaurus major*. Acta Palaeontologica Polonica, 53 (2): 183–196

You H L, Tanoue K, Dodson P. 2010. A new species of *Archaeoceratops* (Dinosauria: Neoceratopsia) from the Early Cretaceous of the Mazongshan Area, northwestern China. In: Ryan M J, Chinnery-Allgeier B J, Eberth D A eds. New Perspectives on Horned Dinosaurs: The Royal Tyrrell Museum Ceratopsian Symposium. Bloomington and Indianapolis: Indiana University Press. 59–67

Young C C. 1932. On some new dinosaurs from western Suiyuan, Inner Mongolia. Bulletin of the Geological Society of

China, 11: 259–266

Young C C. 1935a. Dinosaurian remains from Mengyin, Shantung. Acta Geologica Sinica, 14: 519–533

Young C C. 1935b. On a new nodosaurid from Ninghsia. Paleontologia Sinica, Series C, 11 (1): 1–28

Young C C. 1937. A new dinosaurian from Sinkiang. Palaeontologia Sinica, New Series C, 2: 1–29

Young C C. 1939. On a new Sauropoda, with notes on other fragmentary reptiles from Szechuan. Bulletin of the Geological Society of China, 19: 279–316

Zhang F, Zhou Z, Xu X, Wang X L, Sullivan C. 2008. A bizarre Jurassic maniraptoran from China with elongate ribbon-like feathers. Nature, 455 (7216): 1105–1108

Zhao Q, Barrett P M, Eberth D A. 2007. Social behaviour and mass mortality in the basal ceratopsian dinosaur *Psittacosaurus* (Early Cretaceous, People's Republic of China). Palaeontology, 50 (5): 1023–1029

Zhao X J. 1983. Phylogeny and evolutionary stages of Dinosauria. Acta Palaeontologica Polonica, 28 (1-2): 295–306

Zhao X J, Cheng Z W, Xu X. 1999. The earliest ceratopsian from the Tuchengzi Formation of Liaoning, China. Journal of Vertebrate Paleontology, 19: 681–691

Zhao X J, Cheng Z W, Xu X, Makovicky P J. 2006. A new ceratopsian from the Upper Jurassic Houcheng Formation of Hebei, China. Acta Geologica Sinica (English Edition), 80 (4): 467–473

Zhao Z K. 1994. Dinosaur eggs in China: on the structure and evolution of eggshells. In: Carpenter K, Hirsch K F, Horner J R eds. Dinosaur Eggs and Babies. Cambridge: Cambridge University Press. 184–203

Zheng X T, You H L, Xu X, Dong Z M. 2009. An Early Cretaceous heterodontosaurid dinosaur with filamentous integumentary structures. Nature, 458: 333–336

Zhou C F, Gao K Q, Fox R C, Chen S H. 2006. A new species of *Psittacosaurus* (Dinosauria: Ceratopsia) from Early Cretaceous Yixian Formation, Liaoning, China. Palaeoworld, 15 (1): 100–114

英文老地名对比表

中国内蒙古地名：

Tebch：托巴什；内蒙古乌拉特后旗东北 7 km。

Tsondolein-khuduk：索多兰 - 乎都克；此地可能在阿拉善盟苏红图东北，银根附近。

Ulan-tsonch：乌兰 - 他什（红塔）；在巴音满都乎东，现称包音图。

蒙古地名：

Bayn Dzak：巴音扎克，此地也即美国人所称"火岩崖"。

Djadokhta：牙道赫达，在巴音扎克地区。

Ondai Sair：奥德赛。

Oshih Basin：吴启盆地。

汉-拉学名索引

拉-汉学名索引

附表一 中国恐龙动物群

时 代		动 物 群	动物群中主要成员
白垩纪 K	晚白垩世 K₂	鸭嘴龙动物群 (Hadrosaur Fauna)	兽 脚 类：特暴龙（*Tarbosaurus*），疾走龙（*Velociraptor*），窃蛋龙（*Oviraptor*），南雄龙（*Nanshiungosaurus*） 蜥 脚 类：华北龙（*Huabeisaurus*） 甲 龙 类：绘龙（*Pinacosaurus*），克氏龙（*Crichtonsaurus*） 鸭嘴龙类：满洲龙（*Mandschurosaurus*），青岛龙（*Tsintaosaurus*），巴克龙（*Bactrosaurus*） 角 龙 类：原角龙（*Protoceratops*）
	早白垩世 K₁	鹦鹉嘴龙动物群 (*Psittacosaurus* Fauna)	兽 脚 类：尾羽龙（*Caudipteryx*），中国鸟龙（*Sinornithosaurus*），小盗龙（*Microraptor*），北票龙（*Beipiaosaurus*），阿拉善龙（*Alxasaurus*） 蜥 脚 类：戈壁巨龙（*Gobititan*） 禽 龙 类：原巴克龙（*Probactrosaurus*），兰州龙（*Lanzhousaurus*），马鬃龙（*Equijubus*） 角 龙 类：鹦鹉嘴龙（*Psittacosaurus*），古角龙（*Archaeoceratops*），辽角龙（*Liaoceratops*）
侏罗纪 J	晚侏罗世 J₃	马门溪龙动物群 (*Mamenchisaurus* Fauna)	兽 脚 类：永川龙（*Yangchuanosaurus*），中华盗龙（*Sinraptor*），冠龙（*Guanlong*），左龙（*Zuolong*） 蜥 脚 类：马门溪龙（*Mamenchisaurus*） 剑 龙 类：沱江龙（*Tuojiangosaurus*），重庆龙（*Chungkingosaurus*），嘉陵龙（*Chialingosaurus*） 鸟 脚 类：盐都龙（*Yandusaurus*），工部龙（*Gongbusaurus*）
	中侏罗世 J₂	蜀龙动物群 (*Shunosaurus* Fauna)	兽 脚 类：气龙（*Gasosaurus*），四川龙（*Szechuanosaurus*），单嵴龙（*Monolophosaurus*） 蜥 脚 类：蜀龙（*Shunosaurus*），峨眉龙（*Omeisaurus*），酋龙（*Datousaurus*），大山铺龙（*Dashanpusaurus*） 鸟 脚 类：灵龙（*Agilisaurus*），晓龙（*Xiaosaurus*），何信禄龙（*Hexinlusaurus*） 剑 龙 类：华阳龙（*Huayangosaurus*）
	早侏罗世 J₁	禄丰龙动物群 (*Lufengosaurus* Fauna)	兽 脚 类：中国龙（*Sinosaurus*），双嵴龙（*Dilophosaurus*） 蜥脚型类：禄丰龙（*Lufengosaurus*），云南龙（*Yunnanosaurus*），金山龙（*Jingshanosaurus*） 有 甲 类：大地龙（*Tatisaurus*），卞氏龙（*Bienosaurus*）
三叠纪 T	晚三叠世 T₃		足印化石

附表二　含中国鸟臀类恐龙化石地层表

地层	黑龙江	吉林	辽宁	河北	山东	山西	陕西	内蒙古	甘肃	新疆	河南	安徽	浙江	广东	广西	四川/重庆	云南	西藏
上白垩统	渔亮子组	泉头组	孙家湾组		王氏群	灰泉堡组/助马堡组	山阳组	乌兰苏海组/二连达巴苏组		乌伦古河组		小岩组	朝川组	南雄组	未命名			
下白垩统			九佛堂组/义县组/土城子组	后城组	青山组			乌兰呼少组/大水沟组/巴音戈壁组/伊金霍洛组	新民堡群/河口群	吐谷鲁群	嵊川组/桑坪组							
上侏罗统			髫髻山组							石树沟组						上沙溪庙组		佬然组
中侏罗统										头屯河组						下沙溪庙组		
下侏罗统																	下禄丰组	

附图 中国鸟臀类恐龙分布图

哈尔滨
嘉荫
公主岭
北票
义县
朝阳
建昌
二连浩特
莱阳
诸城
丽水
北京
宣化
莱阳
歙县
天镇
左云
南雄
巴音满都乎
固阳
杭锦旗
汝阳
南阳
南宁
兰州
山阳
鄯善
自贡江北
苏红土
吉兰泰
中铺
禄丰
荣县
公婆泉
算井子
俞井子
芒康
拉萨
富蕴
乌尔禾
五彩湾
将军庙
阜康
乌鲁木齐

南海诸岛

晚白垩世 ▲
早白垩世 ●
晚侏罗世 ◆
中侏罗世 ■
早侏罗世 ⬟

• 176 •

《中国古脊椎动物志》总目录

（共三卷二十三册，计划 2015 – 2020 年出版）

第一卷　鱼类　主编：张弥曼，副主编：朱敏

第一册（总第一册）　**无颌类**　朱敏等 编著　　（2015 年出版）

第二册（总第二册）　**盾皮鱼类**　朱敏、赵文金等 编著

第三册（总第三册）　**辐鳍鱼类**　张弥曼、金帆等 编著

第四册（总第四册）　**软骨鱼类 棘鱼类 肉鳍鱼类**

　　张弥曼、朱敏等 编著

第二卷　两栖类 爬行类 鸟类　主编：李锦玲，副主编：周忠和

第一册（总第五册）　**两栖类**　王原等 编著　　（2015 年出版）

第二册（总第六册）　**基干无孔类 龟鳖类 大鼻龙类**　李锦玲、佟海燕 编著

第三册（总第七册）　**鱼龙类 海龙类 鳞龙型类**　高克勤、李淳、尚庆华 编著

第四册（总第八册）　**基干主龙型类 鳄型类 翼龙类**

　　吴肖春、李锦玲、汪筱林等 编著

第五册（总第九册）　**鸟臀类恐龙**　董枝明、尤海鲁、彭光照 编著　　（2015 年出版）

第六册（总第十册）　**蜥臀类恐龙**　徐星、尤海鲁等 编著

第七册（总第十一册）　**恐龙蛋类**　赵资奎、王强、张蜀康 编著　　（2015 年出版）

第八册（总第十二册）　**中生代爬行类和鸟类足迹**　李建军 编著

第九册（总第十三册）　**鸟类**　周忠和、张福成等 编著

第三卷　基干下孔类 哺乳类　主编: 邱占祥，副主编: 李传夔

PALAEOVERTEBRATA SINICA

(3 volumes 23 fascicles, planned to be published in 2015–2020)

Volume I Fishes

Editor-in-Chief: **Zhang Miman**, Associate Editor-in-Chief: **Zhu Min**

Fascicle 1 (Serial no. 1)　　Agnathans　**Zhu Min et al.**　(2015)

Fascicle 2 (Serial no. 2)　　Placoderms　**Zhu Min, Zhao Wenjin et al.**

Fascicle 3 (Serial no. 3)　　Actinopterygians　**Zhang Miman, Jin Fan et al.**

Fascicle 4 (Serial no. 4)　　Chondrichthyes, Acanthodians, and Sarcopterygians　**Zhang Miman, Zhu Min et al.**

Volume II Amphibians, Reptilians, and Avians

Editor-in-Chief: **Li Jinling**, Associate Editor-in-Chief: **Zhou Zhonghe**

Fascicle 1 (Serial no. 5)　　Amphibians　**Wang Yuan et al.**　(2015)

Fascicle 2 (Serial no. 6)　　Basal Anapsids, Chelonians, and Captorhines　**Li Jinling and Tong Haiyan**

Fascicle 3 (Serial no. 7)　　Ichthyosaurs, Thalattosaurs, and Lepidosauromorphs　**Gao Keqin, Li Chun, and Shang Qinghua**

Fascicle 4 (Serial no. 8)　　Basal Archosauromorphs, Crocodylomorphs, and Pterosaurs　**Wu Xiaochun, Li Jinling, Wang Xiaolin et al.**

Fascicle 5 (Serial no. 9)　　Ornithischian Dinosaurs　**Dong Zhiming, You Hailu, and Peng Guangzhao**　(2015)

Fascicle 6 (Serial no. 10)　　Saurischian Dinosaurs　**Xu Xing, You Hailu et al.**

Fascicle 7 (Serial no. 11)　　Dinosaur Eggs　**Zhao Zikui, Wang Qiang, and Zhang Shukang**　(2015)

Fascicle 8 (Serial no. 12)　　Footprints of Mesozoic Reptilians and Avians　**Li Jianjun**

Fascicle 9 (Serial no. 13)　　Avians　**Zhou Zhonghe, Zhang Fucheng et al.**

Volume III Basal Synapsids and Mammals

Editor-in-Chief: **Qiu Zhanxiang**, Associate Editor-in-Chief: **Li Chuankui**

(Q-3550.01)

www.sciencep.com

ISBN 978-7-03-044776-0

9 787030 447760 >

定 价: 128.00元